絵でわかる

An Illustrated Guide to Terrain, Rocks, and Landscapes in the World

世界の
地形・岩石・絶景

藤岡達也 著
Fujioka Tatsuya

講談社

ブックデザイン｜安田あたる

はじめに

近年，海外から日本への観光客は年間 4000 万人に迫り，経済効果も大きくなっています。同時に日本から海外へ旅行する人の数も増加の一方です。もちろん，海外旅行の目的は人それぞれと思いますが，非日常性や異質性を求めてのことであることは，疑いの余地がありません。日本では見たり経験したりできないものを求めての旅立ちと言っても良いでしょう。

日本との違いを一見して実感するのが，訪問した国の自然景観の雄大さや不思議さです。確かに，日本とはまったく違うものに思えるかもしれません。日本と世界とで気候や地史などが異なることも一因です。しかし，それらの景観ができるメカニズムは，（偶然性はあるにしても）日本と世界でそれほど変わりません。「この世のもの」とは思えない美しさを感じたとしても，この世のものである限り，その景観の構成物や形成の歴史については説明ができます。そして，それらの規則性や法則性を知ることによって，普段は眺めるだけの景観を，また違った目で見ることができるようになるでしょう。

国内外を問わず，その特色ある自然環境の中で，人間の文化や歴史・伝統・芸術が育まれています。持続可能な開発目標（SDGs）が重視されるグローバルな時代，多様な価値観から構成される国際社会で生きていくためには，その相違を理解する必要があります。人々の価値観や社会の根底にあるのは，各国，各地域が持つ自然景観や自然環境に他なりません。

本書は，絶景も含めた世界の有名な自然景観について，その構成と成り立ちをイラストと写真を交えながら平易に解説するものです。本書によって，時間や空間を超えて形成された自然のダイナミクス（原動力）を知り，自然へのインタレスト（興味），ひいては，自分自身の人生のインタレストにまで繋がることを期待しています。また，世界の絶景と日本の比較によって，狭いとか平凡だとか思っていた日本が地形・地質的にいかに多種多様であるかに気付き，また世界を身近に感じていただければと思っています。

2020 年 3 月 　　　　　　滋賀大学大学院教育学研究科教授　藤岡達也

絵でわかる世界の地形・岩石・絶景　目次

An Illustrated Guide to Terrain, Rocks, and
Landscapes in the World

第 0 章

地球の基礎知識

―絶景を理解するために

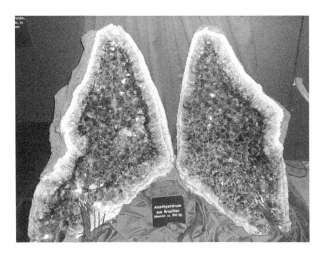

紫水晶（アメジスト）

0.1 地球の構造と大気

　最初に，世界の地形や地質・岩石，さらには，絶景を理解するための基本的なお話をしたいと思います。まずは，地球内部の構造と固体地球を取り巻く地球の大気の構造を紹介します。

地球の内側

・地球の内部構造

　地球の形そのものは回転楕円体と呼ばれ，地球自身の自転による遠心力の関係で，赤道半径の方が極半径よりも少し長くなっています。ここでは，地球を球体として，地球内部の構造をモデル的に**図 0.1** に示します。

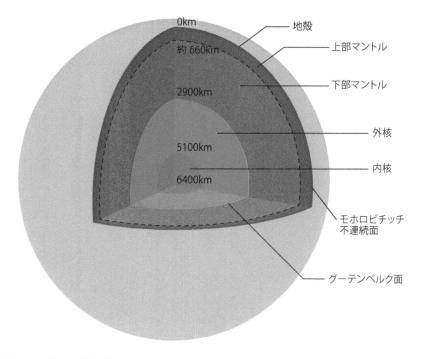

図 0.1　地球内部の構造

図0.1のように，地球の構造は，地殻，マントル（上部マントル，下部マントル），核（外核，内核）から成り立っており，日本では卵（殻，白身，黄身）の構造，西洋ではアボカド（果皮，果実，種子）の構造にたとえられます。ちなみにマントル（mantle）とは英語で「覆い」を意味します。

アボカド

　地殻，マントル，内核は固体ですが，外核は液体からできていることがわかっています。マントルそのものは固体ですが，内部が高温のために十分な延性（引き延ばされる性質）があり，長時間のスケールでは流動すると考えてもよいでしょう。後述のように下部マントルの対流は，上部マントルと地殻から構成されるプレートの運動につながって，地球表面での様々な現象となります。地殻とマントル最上部とを合わせてをリソスフェア，上部マントルをアセノスフェア，下部マントルをメソスフェアと呼ぶこともあります（スフェア（sphere）とは球体・球面のことです）。

　物質の密度は，地球内部にいくほど大きくなっていきます。現在，核を構成する物質は鉄やニッケルなどが考えられており，外核の鉄は液体，内核の鉄は固体と推定されています。

　なお，地殻とマントルとの境界はモホロビチッチの不連続面（モホ面），マントルと外核との境界はグーテンベルク不連続面と，それぞれの発見者の名前にちなんで呼ばれています。

・地殻の様子

　地球表面（つまり私達の生活の場）と直接の関わりがある地殻について，もう少し詳しく触れます。地殻は花こう岩質岩石からなる大陸地殻と，玄武岩質岩石からなる海洋地殻に分けられます。これらの地殻とかんらん岩質の上部マントルの様子を模式的に示したものが次の**図0.2**です。

　これらの動的な関係が本書で述べる地形・地質・岩石などの形成やその過程と密接に関わってきます。

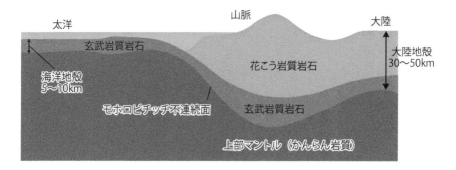

図 0.2 大陸地殻・海洋地殻と上部マントル

地球表面の大気の層構造

　一方，固体地球の外側はどうなっているでしょう。地球を取り巻く層のことを大気圏と呼びます。地球の大気の組成は約 100 km まで，大きく変わりません。**表 0.1** に大気の主成分を示します。

　地球大気の層構造は，対流圏・成層圏・中間圏・熱圏に分けることができ，これらが地球環境，ひいては地球表面に大きな影響を与えます。

　これらの地球表層の外側の構造については，**図 0.3** に示しました。この図では，気温の高度分布と大気層のおおよその区分についても記しています。気圧は地表では 1 気圧（= 1013 hPa）ですが，15 km 高度が上昇すると，約 10 分の 1 ずつ減少します。

表 0.1　地球大気の主成分

気体成分		体積%	総質量 kg
窒素	N_2	78.08	3.87×10^{18}
酸素	O_2	20.95	1.29×10^{18}
アルゴン	Ar	0.93	6.6×10^{16}
水蒸気	H_2O	時期・場所等で変動大	1.7×10^{16}
二酸化炭素	CO_2	0.04	3.05×10^{15}
その他（メタン等）	CH_4	3×10^{-4}	5.16×10^{12}
オゾン	O_3	時期・場所等で変動大	3.3×10^{12}

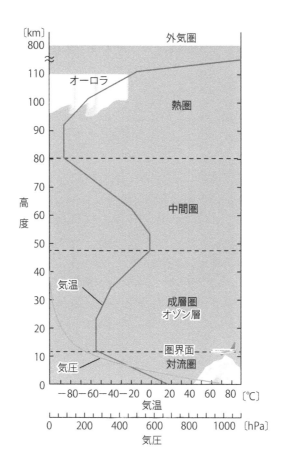

図 0.3 地球外部の大気の構造

　大気圏を構成する各圏について，それぞれ見ていきましょう。

・対流圏

　地球表面の景観の形成に直接影響を与えるのが対流圏での気象現象です。対流圏とは，大気の対流が活発で，地上から高さ約 10 km（低緯度では約 16 km）までの，上空ほど気温が低下する層のことです。気温は最上部で最も低くなります。大気の約 90 %はこの対流圏に存在し，雲の発生や降水，降雪などの日常の気象現象は対流圏の中で生じます。

　地球表面が受け取る太陽からのエネルギーは，大気が受け取るそれよりもは

るかに多く，そのため，大気は地表面に近い層から暖められ，上層と下層での大気の交換，すなわち対流が起こります。

・成層圏

　対流圏よりすぐ上の部分は，成層圏と呼ばれています。対流圏と成層圏の境界を圏界面（対流圏界面）といいます。圏界面より上の高さでは，上空に向かって気温の低下率が小さくなったり，逆に気温が上昇したりするようになります。このような不安定な気温分布の大気では，対流が起こりにくくなっています。

　オゾンの濃度の高い層はオゾン層と呼ばれ，太陽からの紫外線をオゾン層が吸収することによって，この高さの周辺では温度が上昇します。また，オゾンには地球上の生物を守る働きがあります。かつて，地球上には太陽からの紫外線が降り注ぎ，生物は海中にしか生息できませんでした。しかし，海中の植物の増加によって地球上の酸素が増え，その後，酸素（O_2）がオゾン（O_3）に変化し，オゾン層が形成され，陸上に植物，そして追うように動物が進出したのです。

・中間圏

　成層圏の上から，熱圏までの間を中間圏といいます。中間圏までの大気組成はほぼ同じで，この組成の大気（気体）が一般的に空気と呼ばれています。そのため，空気の上限は高度 80 km ということができます。図 0.3 で読み取れるように，高度 50 km（気温は約 0℃）からは再び高度とともに気温が下がり，高度 80 km では気温は約 −80℃ 〜 −90℃ になっています。

　この圏では，流星を見ることができます。中間圏の大気の密度は，地表付近の大気のわずか 1 万分の 1 程度でしかありません。しかし，この希薄な大気でも大気圏に飛び込んでくる隕石は摩擦熱で発光し，消滅することもあります。これが流星です。スペースシャトルが地球に戻って来たときに，高温で燃えないように，セラミックスが用いられるなど，熱に強い素材が取り入れられているのはこのためです。

　また，この高さでは夜光雲も見られます。地球の高緯度付近では，宇宙から注ぐ細かい粒子（宇宙塵）のまわりに氷が付着したものが，横から太陽光を受けて光って見えるのです。

・熱圏

中間圏よりも上を熱圏（高度 80 km～800 km）と呼びます。高度 80 km 以上からは，**図 0.3** のように高度とともに気温が上昇し，高度 400 km 以上では1000℃にもなっています。この数字には驚かれるかもしれません。

ただ，地球表面に近い対流圏と熱圏では，温度の感覚が全く異なっています。一般に，気温は大気を構成している原子・分子の速さで決まります。しかし，熱圏では猛烈な速さで原子・分子が動き回っていますが，熱圏での大気の密度は非常に小さいため，エネルギーも非常に小さく，熱としての物質が与える影響はわずかとなります。

熱圏の重要な特色として，大気の組成が空気の組成と異なることがあげられます。太陽の紫外線や X 線によって，窒素分子や酸素分子はそれぞれ原子の形で存在し，また，紫外線を吸収することによって，原子は電離して，電子とプラスのイオンになっています。この電子やプラスのイオンの密度が高い部分を電離層と呼びます。熱圏には電離層が複数存在します。この領域は電波を反射する性質を持ち，これによって短波帯の電波を用いた遠距離通信が可能になり，利用されています。

本書の第 4 章でも触れますが，オーロラは熱圏の最下部（高度 90 km～130 km）で，大気の原子に太陽風の荷電粒子（陽子，電子）が衝突して発光する現象のことです。

鹿児島・種子島（種子島在住 住岡重寛氏撮影）。2019 年，超低高度衛星「つばめ」は高度 167.4 km を飛行し，ギネス記録となった。

世界の絶景を知るための基本ポイント

　世界の地形や岩石を理解するためのポイントを以下の項目にまとめてみました。中には，中学校理科の復習に感じられる方もいるかもしれませんが，それぞれの内容は本書を読み進めて行くためにも，知識の整理や理解の手助けとなります。

日本列島と世界の景観形成メカニズムは同じ

　世界には日本で見られない絶景が数多く存在するのは確かです。でも，それを構成するものや，形成されるまでの歴史のプロセスは，基本的には日本列島でも世界でも同じです。つまり，現在の日本列島の基盤である岩石の形成過程や，河川や沖積平野など身近な地形が形成された時期は，世界とたいして変わりません。むしろ同じであることの方が多いのです。

　本書で詳しく述べますが，確かにその空間的な規模や時間的スケールが，日本よりも遥かに大きいものも珍しくありません。しかし，構成される地質，岩石や鉱物などは，世界共通であることが一般的です。それどころか，火山活動や地殻変動による景観形成などでは，日本列島にこそ独特な景観が見られる場合もあります。何よりも日本の四季は明確であり，渓谷や山間部の滝，河川周辺での植生，生態系などが一層景観を引き立てることもあります。

　いずれにしても，日本列島の自然景観を構成する地形・地質・岩石の特色やその形成のプロセスが理解できれば，世界の自然景観の理解も容易になります。

　次にその具体的な内容を示していきましょう。

地球表面を構成する基本的な岩石は3種類

　地表面の人工物や植生，土壌を取り除くと（取り除いたとしての仮定の話も含めます），明確な地質が現れます。地質は様々な岩石や地層からできていますが，絶景と呼ばれる景観をつくる奇岩などは，岩石がそのまま表出しているところもあります。

地球上の岩石は大きく分けると，火成岩，堆積岩，変成岩の3種類になります。

・火成岩

地球上での存在割合が最も大きく，地殻を構成する岩石の多くの割合を占めているのが火成岩です。火成岩は地球内部のマグマが冷えて固まってできたものです。さらに，マグマが地下深部でゆっくり冷えて固まった岩石（深成岩）と，火山活動等で地表面に噴出し急に冷やされてできた岩石（火山岩）とに大きく分けることができます。

深成岩は構成される鉱物の大きさが比較的揃っており（等粒状組織），それらの鉱物は肉眼でも確認することができます。一方，火山岩は鉱物の大きさが細かい（斑状組織）のが特色です。そして，岩石中に含まれる二酸化ケイ素の量によって，白っぽい岩石や黒っぽい岩石となります。これらを一覧にして，岩石名を記したのが**図0.4**です。

代表的な火成岩として6種類（玄武岩，安山岩，流紋岩，斑れい岩，閃緑岩，花こう岩）を知っていれば十分です。かつては岩脈などをつくる石英斑岩やひん岩，輝緑岩など，火山岩と深成岩の中間的なものを半深成岩と呼んでいましたが，今ではこのような分類はしていません。ただ，時々，石英斑岩や花こう斑岩などは使われることもあります。

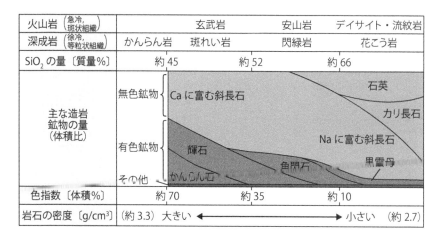

図0.4 火成岩の一覧

なお，分類上は，マントル最上部の深成岩として，かんらん岩，輝岩，クロム鉄鉱岩なども位置付けられますが，あまり目にすることはありません。

・堆積岩

堆積岩は，海や大きな湖などの水域で，礫や砂，泥などがたまったものが長い年月の間に固まってできた（これを続成作用といいます）岩石のことです。岩石名も文字通り，礫岩，砂岩，泥岩と呼び，これらをまとめて砕屑岩と称されることもあります。また，泥が溜まって本の頁（ページ）のような構造を持つ岩石を頁岩ともいいます。厳密には，礫岩，砂岩，泥岩などは，構成される礫の大きさで，**表0.2**のように分類されますが，肉眼で確認できることもあります。

なお，火山活動によって生じた火山灰が積もって固化したものは凝灰岩として，堆積岩の分類に含みます。堆積岩には生物の死骸が堆積して岩石となった石灰岩（主にサンゴや貝類，フズリナなど）やチャート（放散虫の殻など）も

表0.2 堆積岩の一覧

堆積岩の分類	岩石名	堆積物		
砕屑岩	礫岩	礫		直径 2 mm 以上
	砂岩	砂		直径 2〜$\frac{1}{16}$ mm（0.06mm）
	泥岩	泥	シルト	直径 $\frac{1}{16}$〜$\frac{1}{256}$ mm（0.004mm）
			粘土	直径 $\frac{1}{256}$ mm 未満
火山砕屑岩	凝灰角礫岩	火山岩塊と火山灰		
	凝灰岩	火山灰		
生物岩	石灰岩	フズリナ・貝殻・サンゴなど（$CaCO_3$が主成分）		
	チャート	放散虫の殻（SiO_2が主成分）		
化学岩	石灰岩	炭酸カルシウム（$CaCO_3$）が主成分		
	チャート	二酸化ケイ素（SiO_2）が主成分		
	岩塩	塩化ナトリウム（NaCl）が主成分		
	石こう	石こう（$CaSO_4 \cdot 2H_2O$）が主成分		

あります。また，石灰岩やチャートは炭酸カルシウムや二酸化ケイ素が化学的に沈殿して，できることもあります。火山噴出物が固結した岩石を火砕岩，石灰岩やチャートなどの生物起源の岩石を生物岩，化学的な物質起源の岩石を化学岩と区分することもあります。

・変成岩

さらに，火成岩や堆積岩が高い熱や強い圧力を受けて，内部の鉱物の組織が変化して別の岩石となったものを変成岩と呼びます。変成岩には，接触変成岩のように高い熱を受けて変成したホルンフェルスや大理石（結晶質石灰岩）があり，また，広域変成岩のように強い圧力を受けて変成してできた岩石として片麻岩，結晶片岩などがあります。表 0.3 に変成岩とその元の岩石を示します。

このように，地球上の岩石の種類は必ずしも多くはありません。むしろ，植物の名前や動物の名前の数と比べると少ないといってよいでしょう。

もちろん岩石名は日本語に訳されているとはいえ，世界共通です。

火成岩，堆積岩，変成岩の相互の関係を図 0.5 に示します。このように 3 つの種類の岩石は，それぞれ相互に関連し合ってできています。

・鉱物

岩石を構成するものが鉱物となります。鉱物とは，一般に，天然に産する結晶質の物質のことで，岩石や鉱石は鉱物の集合体といえます。鉱物の結晶は，分子またはイオンが規則正しく配列した結晶構造をもち，外形は鉱物によって特定の結晶形を示します。

表 0.3 変成岩の形成の一例

変成岩	岩石名	特　徴	おもなもとの岩石
接触変成岩	ホルンフェルス	緻密で固い。黒雲母が多く，きん青石などを含むこともある。	砂岩，泥岩
	大理石（結晶質石灰岩）	粗粒の方解石からなる。	石灰岩
広域変成岩	結晶片岩	片理が発達し，片状構造をもつ。	砂岩，泥岩，礫岩，凝灰岩，玄武岩
	片麻岩	粗粒で、白と黒の縞模様が発達している。	砂岩，泥岩

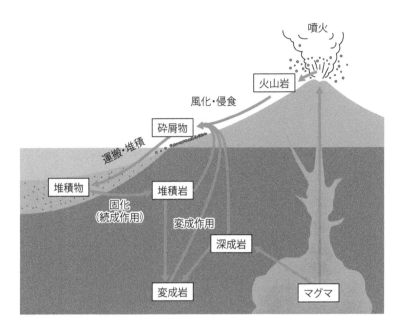

図 0.5 火成岩・堆積岩・変成岩の関係

　また，鉱石とは，人間の経済活動にとって有用な資源となる鉱物やそれを含有する岩石のことを指します。なお，鉱物の中で，存在そのものが貴重であったり，見た目にも美しかったりするものが宝石と呼ばれます。**図 0.6** はその例としての紫水晶（アメジスト）です。

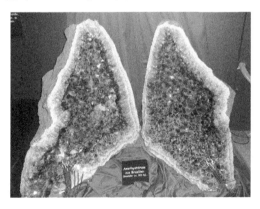

図 0.6 鉱物の例（紫水晶）

地球内部のエネルギーと太陽からの
エネルギーのバランスが景観をつくり出す

　自然景観の形成の過程は，火山活動による場合や地殻変動による場合など，様々なケースがありますが，ともに，地球内部のエネルギーが大陸を動かしていることが原因です。一言でいうとプレートテクトニクスという語句で説明することができます。つまり，地球の表面は何枚かのプレートに覆われており，そのプレートやプレート同士の関係性を示したプレートテクトニクス理論によって，地震の発生や火山の噴火，地殻変動を説明することができます。一つ一つのプレートは地球の誕生以来，消滅したり，新たに形成したり，動きが変わったりと，いつも同じではありません。将来も景観は変化するわけです。

　図 0.7 には現在の地球表面のプレートの分布を示します。ここに，それぞれのプレートの動きを図示します。

　また，景観の形成には，太陽からのエネルギーも重要な役目を果たします。まず，太陽のエネルギーは水を循環させます。例えば，海洋や大陸の水域から，大量の水を蒸発させます。海洋では波浪を発生させ，大陸においては降水をもたらし，その結果として河川の流水が岩石などの大地を侵食し，さらには運搬，堆積して，地形を変化させます（**図 0.8**）。水を雪や氷に変え，これらが景観の形成に関わることも珍しくありません。さらに地球上の温度差を弱めるために発生する風によっても地形は影響を受けます。

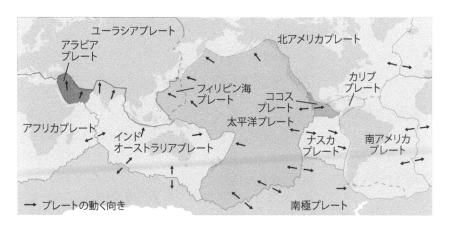

図 0.7　複数のプレートから構成される地球表面とプレートの動き

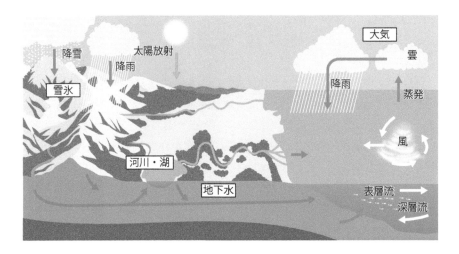

図 0.8 水の循環

　何億年，何千万年という長い年月をかけて形成された岩石も，その後，地表面に露出し，水や風による侵食作用や風化作用を受け（生物の働きが加わる場合もあります），場合によっては比較的短期間のうちに削られたり，消失したりすることもあります。その時に，固い部分が残り，軟らかい部分がなくなって，不思議な景観をつくることがあります。

　さらに大陸と海洋との垂直的な位置関係は，隆起や沈降などの地球内部のエネルギーだけでなく，海水面の上昇や下降によっても変化します。そのもとになるのが気候変動です。

地球の歴史は4つの時代に分けられる

・地史と地質時代

　国や各地域には，それぞれの歴史があります。それと同じように地球にも歴史があります（これを地史と呼びます）。当然ながら，地域によって歴史が異なるのと同じように，地史も異なっています。

　例えば，日本の歴史は，縄文時代，弥生時代，…，室町時代，江戸時代などと区分されていますが，それと同じように地球の歴史も時代が区分されます。これを地質時代と呼びます。

地球誕生から現在までの歴史を示した年表を，時代区分とともに**図0.9**に示します。

　歴史を語るときに，明治元年，1868年，150年前と呼ぶのと同じように，地質時代も主に，相対年代（例えば，○○代△△紀など），絶対年代（例えば，約何億何千万年前など）によって，時代を分けます。

　地球の誕生は約46億年前です。その大部分の40億年は先カンブリア時代と呼ばれる時代です。その後，古生代，中生代，新生代と名付けられた時代に続きます。これらの時代の区分は，その時代に生息した生物によって決められます。そのため，古生代・中生代・新生代は，「生」の字が当てはめられています。**図0.9**で示したように，「○○代」はさらに「△△紀」で細かく分けられます。「中生代ジュラ紀」などはその例です。より細かな時代区分は「◎◎世」，「××期」となりますが，一般的には「代」，「紀」までを知っていれば十分でしょう。

　なお，日本列島が形成されたのは，新生代の新第三紀と呼ばれる時代です。約2000万年前に日本海が広がり，現在のアジア大陸から分裂してできました。

　地域によっては，それぞれの時代があったにもかかわらず，それらの地質が存在しないこともあります。これは，後の時代に，その時代の地質が侵食されて消滅したことによります。人間の時代であれば，文書によって，その時代のことが残されているため歴史を復元できますが，地質や岩石から過去の状況を探る自然科学においては，地質や岩石が存在していなければ，復元は厳しくなります。存在しないデータからその時代を探るわけですから，その困難さは想像を絶します。

　このように地質学は，科学の特質である再現が不可能もしくは不可能に近いこともありますので，かつては，これで自然科学といえるのか，と疑問視されたこともありました。人類は存在しても文字が残っていない時代を取り扱う考古学の分野と同様かもしれません。

　ただ，いずれにしても形成されたプロセスが完全に解明されていないことが，自然景観の成り立ちに思いを巡らせることにつながり，絶景を楽しむ一つの魅力といえるかもしれません。

時代区分			年代〔年前〕	主な生物界の動向
顕生代	新生代	第四紀		
			260万	• 人類の出現
		新第三紀		
			2300万	
		古第三紀		• 被子植物の多様化 • 哺乳類の発展
			6600万	
	中生代	白亜紀		• 恐竜・アンモナイト などの絶滅
			1億4500万	• 被子植物の出現
		ジュラ紀		• 鳥類の出現 • 爬虫類 アンモナイトの繁栄
			2億100万	
		トリアス紀 （三畳紀）		• 原始的哺乳類の出現
			2億5200万	
	古生代	ペルム紀 （二畳紀）		• 三葉虫・フズリナ類 などの絶滅
			2億9900万	• 爬虫類の出現
		石炭紀		
			3億5900万	• シダ植物の繁栄
		デボン紀		• 脊椎動物の上陸
			4億1900万	
		シルル紀		• 植物の上陸
			4億4300万	
		オルドビス紀		
			4億8500万	
		カンブリア紀		• 最古の脊椎動物 • 爆発的な動物の進化
			5億4100万	
先カンブリア時代		原生代		• 多細胞生物の出現
			25億	• 光合成生物の出現
		太古代 （始生代）		
			40億	• 生命の誕生
		冥王代		
			46億	

図0.9 地球の年表

・第四紀の地殻変動

　人類の誕生は，第四紀と呼ばれる今から 260 万年前以降になります。現在見られるような山地が形成されたのも，この時期以降になります。世界的には後期旧石器時代，日本では縄文時代と呼ばれる歴史が始まったのが今から約 1 万数千年前です（この年代はどんどん下がっていて，約 2 万年前近くまでになりつつあります）。

　河川の働きによって日本列島に沖積平野が広がるのも，わずか 2 千数百年前で，日本列島では弥生時代に相当します。稲作農業が伝わり発展したのは，この自然環境の変化を背景としています。人類による地形改変が著しくなるのが，日本ではこの時期からといえます。

　また，ダイナミックな景観をもつ活火山も第四紀の比較的新しい時代に形成されたものです。

日本列島の自然も多岐多様

　日本列島が現在のような形になったのは，約 1500 万年前に過ぎません。しかし，日本列島の土台はアジア大陸に属していたときから存在していましたから，古生代や中生代の地質も存在しています。また，岩石だけでしたら先カンブリア時代のものも見つかっています。

　日本列島の基盤は，もともとアジア大陸周辺地域だけに存在したのではありません。現在より南側の海で形成された堆積岩等が運ばれ，大陸に押し重ねられた岩体（付加体と呼びます）と地下深部でマグマが冷却して形成された岩体（花こう岩等）が中心です。図 0.10 は，日本列島の現在の構成を示したものです。

　日本列島は成立時から火山活動が著しく（特に東日本では），このときに多くの火成鉱床ができ，豊富な鉱物資源が貯蔵されました。列島成立時に海底熱水鉱床である「黒鉱」は国際的にも著名で，そのまま英語（Kuroko）になっています。日本列島には鉱物資源が少ないといわれますが，狭い面積の割には多くの種類の鉱物が多量に産出してきたといっても過言ではありません。

　現在，日本列島は 4 枚のプレートが互いに影響を与えているため，地震や火山活動などの地殻変動が著しくなっています。世界には日本列島と同じ条件にある国・地域と，逆に安定大陸である国・地域があります。

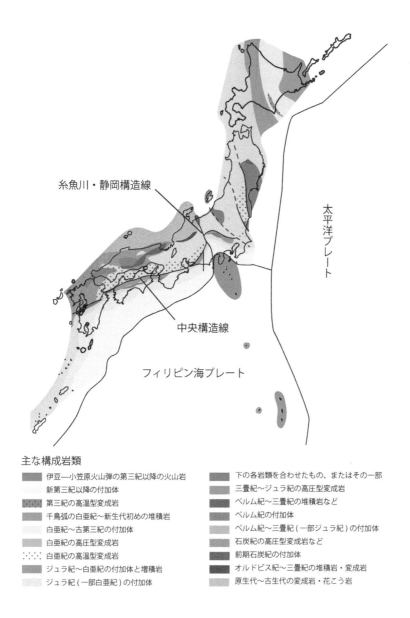

糸魚川・静岡構造線

太平洋プレート

中央構造線

フィリピン海プレート

主な構成岩類

■ 伊豆―小笠原火山弧の第三紀以降の火山岩
　新第三紀以降の付加体
■ 第三紀の高温型変成岩
■ 千鳥弧の白亜紀〜新生代初めの堆積岩
　白亜紀〜古第三紀の付加体
■ 白亜紀の高圧型変成岩
　白亜紀の高温型変成岩
■ ジュラ紀〜白亜紀の付加体と増積岩
　ジュラ紀 (一部白亜紀) の付加体

■ 下の各岩類を合わせたもの、またはその一部
■ 三畳紀〜ジュラ紀の高圧型変成岩
■ ペルム紀〜三畳紀の堆積岩など
■ ペルム紀の付加体
　ペルム紀〜三畳紀 (一部ジュラ紀) の付加体
■ 石炭紀の高圧型変成岩など
■ 前期石炭紀の付加体
■ オルドビス紀〜三畳紀の堆積岩・変成岩
■ 原生代〜古生代の変成岩・花こう岩

図 0.10 日本列島の現在の構成 (産総研の資料をもとに作成)

自然はあくまでも中立

　近年，自然災害に対する防災，減災，復興等への取り組みは，国際的にも重要な課題となってきています。

　一方で自然は，鉱物資源・食料資源から最近では観光資源など，人間に様々な資源の供給を通して，恩恵を与えています。つまり，自然は人間にとって，災害と恩恵の両面性を持っており，必ずしも人間にとって都合よくできているのではなく，あくまでも中立的なものです。これらは既に**図 0.11**のような関係で示されてきました。

　つまり，人間は自然界から資源などを取り出そうとして様々な働きかけをします。しかし，自然からは，人間の働きかけに対して，必ず反動（抵抗）が見られます。これが災害問題になったり，環境問題になったりすることもあります。今日，求められる持続可能な社会の在り方には，人間の自然との関わり方も大きな課題になっています。しかし，自然への働きかけについて，自然との調和やバランスを考えることも必要です。これらの調整の役割が環境教育，ESD（持続可能な開発のための教育）そして SDGs（持続可能な開発目標）といえます。

　以上の事柄は，本書の内容の理解の上で重要となりますので，心に留めておいてください。これらことはまた，地球上の自然現象や地球環境を考える場合の基本的な視点となるでしょう。

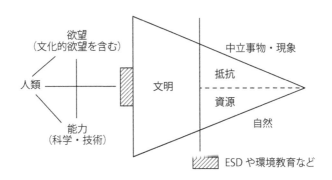

図 0.11　資源と環境を考えた文明のモデル

第1章

日本の景観と世界の絶景の共通性

キリマンジャロ

テレビでは日々，息をのむような海外の景色が映し出され，旅行会社のパンフレットを見ると，世界の絶景が観光地として大々的に取り上げられています。これらを見た皆様は，海外の自然景観に圧倒され，日本列島にある風景とは全く違ったものに感じることでしょう。

　しかし，その景観の形成された時代や，構成されている地形や地質・岩石などの自然の要素，さらにはそのプロセスやメカニズムそのものが日本の景観と同じであることも珍しくありません。むしろ，それが一般的であることも多いのです。

1.1　火山とそのダイナミクス

　まずは，地球の動的なダイナミクスを眼前に感じることができる火山活動と，それによって形成された自然景観の特色について解説します。世界の主な火山の分布は**図 1.1** に示しました。

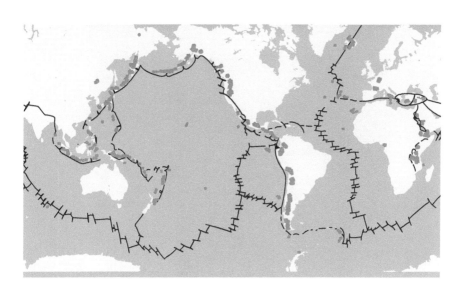

図 1.1　世界の主な火山の分布（赤は火山，黒線は主なプレート境界）

図 1.1 を見ると，日本列島を含めた太平洋を囲むように火山が存在することがわかります。日本列島からフィリピン，大スンダ列島，ニューギニア，メラネシア，ニュージーランドの北島，さらには南北アメリカの西海岸に並ぶ火山帯は「環太平洋火山帯」と呼ばれます（日本列島では，九州南部から南西諸島，台湾そしてフィリピンに続く火山帯と，関東から小笠原諸島など南に延びる二筋の火山帯が読み取れます。それらについては後に説明します）。このように世界の火山の約 80% が，太平洋の周囲に集中しています。

アメリカの太平洋側の火山帯

　日本からの観光客も多い，環太平洋の火山の様子をアメリカから順に紹介します。

　図 1.2 のようにアメリカの太平洋側には，南側のカリフォルニア州から，

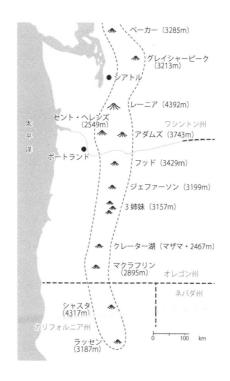

図 1.2　アメリカの太平洋側の火山帯

オレゴン州，ワシントン州を経て，北側のカナダのブリティッシュ・コロンビア州までにも続く山脈が南北に走っています。

　これらの山脈はカスケード山脈と呼ばれています（カスケードとは階段状に流れる滝のことです）。ここには標高3000mを超える有名な火山やその活動に関する地形が見られます。例えば，現在も蒸気がのぼっているラッセン火山（国立公園），1980年に想定外の噴火が生じたセントヘレンズ火山，タコマ富士と呼ばれ日本にもおなじみのレーニア山（国立公園）が並んでいます。シャスタ山やフッド山，ジェファーソン山も火山であり，これらの火山の中でもシャスタ山やレーニア山は4000mを超え，富士山よりも高い山々となっています。なお，カナダのブリティッシュ・コロンビア州の一帯は特にカスケード山地と呼ばれています。

　さらに，自然景観としては，火山そのものだけでなく，噴火後のカルデラがもとになってできた湖，例えば，クレーターレイク（国立公園，かつてのマザマ火山）などが見られます。

　アメリカ本土での大規模な火山噴火は全てカスケード山脈の火山で発生したといっても過言ではありません。20世紀のアメリカにおける有名な2回の火山噴火も，いずれもカスケード山脈の中で起きたものです。

・ラッセン火山

　1回目は1914年から1921年にかけてカリフォルニア州北部のラッセン火山で発生した噴火です。ラッセン火山群は，カスケード山脈の中でも南に位置する火山群です。

　一帯は国立公園に指定されており，この火山群で現在最も高い場所は，**図1.3**のラッセンピーク（3187m）です。1914年以降の噴火は，ラッセンピークの頂上火口において，水蒸気爆発を繰り返したものです。特に1915年の噴火は噴煙の高さが11kmにも達し，火砕流や泥流も発生したと記録されています。ラッセン火山は，世界でも最大規模の溶岩円頂丘（えんちょうきゅう）です。溶岩円頂丘は，火山から高粘度の溶岩が流れ出てできたドーム状の地形のことで，溶岩ドームとも呼ばれます。

　ラッセン火山群の中心は，もともと3300mのタハマ山（ブロックオフ火山）と呼ばれた成層火山でしたが，現在は巨大なカルデラとなっています（成層火山とは，ほぼ一つの火口から噴火した溶岩が堆積してできた円錐状の火山）。

図 1.3 ラッセン火山 (ラッセンピーク)

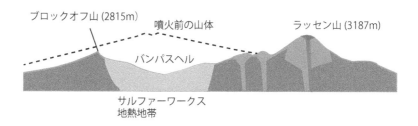

図 1.4 ラッセン火山の構造

カルデラは火山活動でできた大きな凹地のことですが，その名称はスペイン語の「釜」に由来しています。そのカルデラの縁の部分が 2500 m 以上のピークをつくって，山となっていますが，新たな溶岩円頂丘も形成されています（**図1.4**)。

　カルデラの中には硫黄の噴気孔が見られます。**図 1.5** は，その中のバンパスヘルと呼ばれる地域です。ここでは生物が生息できないため，日本の火山地域と同じように地獄谷（Hell）と名付けられた場所もあります。

　また，約 900 年前に形成されたと推定されているカオスクラッグスと呼ばれる溶岩円頂丘では，約 300 年前に山体崩壊が生じました。**図 1.6** は，このときの安山岩を主体とする岩屑流の堆積物を示しています。これらの景観は日本列島の火山地域でも見られます。

図 1.5 カルデラ内の噴気孔

図 1.6 約 300 年前の火山岩屑物

・セントヘレンズ山

2回目に大規模に噴火したのは，1980年のワシントン州南部のセントヘレンズ山です。1980年5月18日大噴火が発生して大規模な山体崩壊が起こり，2950 m あった山の標高が2550 m になってしまいました。崩壊した土砂は岩屑なだれとなり，57名の犠牲者を出し，鉄道を24 km，高速道路を東京–名古屋間に匹敵する300 km にわたって破壊するなど甚大な被害をもたらしました。一方で，噴火予測に基づくハザードマップの活用（例えば，火砕流，岩屑流，泥流などの予想）による対応も特筆すべき点です。

1980年5月18日のセントヘレンズ火山の噴火の状況を模式的に示したのが図 1.7 です。山体内で起きた地震を引き金に山体の崩壊が生じ，岩屑流が発

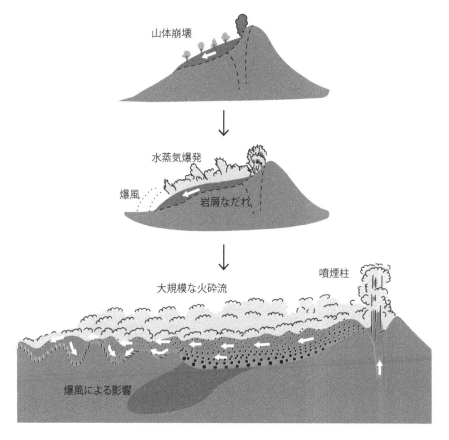

図 1.7　噴火時のセントヘレンズ火山のメカニズム

図 1.8 噴火 8 年後のセントヘレンズ山麓の樹木の様子

生しました。さらには噴煙柱や火砕流が繰り返し襲い，森林 500 km² に被害を及ぼしました。これは東京 23 区の面積に相当します。

　噴火 8 年後の山麓の様子を示したのが**図 1.8** です。材木群と化した，かつての森林の状況から，爆風の威力の凄まじさが想像できます。

・クレーターレイク

　ラッセン火山とセントヘレンズ火山の間にクレーターレイク（**図 1.9**）があります。この湖は湖面の標高が約 1880 m と非常に高地にある湖で，かつての

図 1.9 クレーターレイク

マザマ火山が噴火してできたカルデラ湖です。観光客も多く訪れます。この湖は約 6800 年前の噴火によって形成されたと考えられおり，もともとの山体は主に安山岩からなっていますが，噴火で玄武岩や石英安山岩質の岩石もつくられました。

　クレーターレイクが形成された流れを**図** 1.10 に示します。

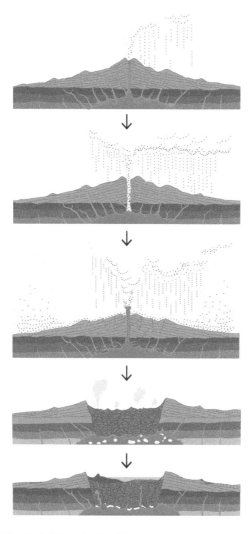

図 1.10　マザマ火山からクレーターレイクへ

・「タコマ富士」と呼ばれたレーニア山

カスケード山脈の中での最高峰はワシントン州に存在する標高 4392 m レーニア山です。タコマ市の南東約 64 km にあり，氷河に覆われた山頂が富士山に似ているため，日系人から「タコマ富士」とも呼ばれていました。レーニア山は富士山と同じ成層火山なので似ているのは当然のことといえますが，日本全国に「○○富士」という山が多くあるように，アメリカにも「○○富士」が存在することは興味深く感じます。

大規模な火山活動は，約 2000 年前と推測されていますが，1800 年代には小さな噴火が数度記録されています。

ところで，日本のコーヒーの商品名に「Mt. RAINIER（マウント・レーニア）」がありますが，この名称はレーニア山にちなんで付けられたものです。その会社によると，レーニア山がカフェラテ発祥の地・シアトルの象徴であること，都会の中に顔をのぞかせる山がそこに住む人々の安らぎのシンボルだったことなどの理由からネーミングされたそうです。

・カスケード山脈のその他の富士山に似た火山

シャスタ山（カリフォルニア州）は，カリフォルニア州北部に位置する標高 4322 m の火山です。この高さは，カスケード山脈の中ではレーニア山（4392 m）に次ぐ 2 番目の高さになります。

シャスタ山は，約 30 万年前には大規模な山体崩壊が発生したと推定されています。発生した岩屑なだれの規模から，現在確認されている山体崩壊の中で世界最大規模のものとも考えられています。

日本でも富士山に似た「氷河と万年雪」の山としても知られています。8 月に撮影された**図 1.11** でも，頂上に雪が存在するなど，これらの雰囲気がうかがえます。

図 1.12 に示したフッド山（オレゴン州）は，オレゴン州のポートランド市から東南東 80 km に位置にある標高 3429 m の成層火山です。クラカマス郡とフッドリバー郡の郡境に位置し，オレゴン州では最高峰の火山となっています。

山体は安山岩質溶岩と火山砕屑物からなり，火口の中央部付近には，約 200 〜 300 年前の噴火によって生じた幅 300 〜 400 m，高さ約 170 m の溶岩ドームが鎮座しています。なお，フッド山も日本人や日系人の間では，「オレゴン富士」と呼ばれています。

図 1.11　シャスタ山

図 1.12　フッド山

火山とプレートとの関係

　アメリカ本土の火山は，日本の火山と同様にプレートの沈み込みによって生まれます。**図 1.13** のように海嶺と呼ばれる場所からプレートが形成され，これが東西に移動し，大陸に沈み込んでいきます。その時，地下の大陸プレートと海洋プレートとの摩擦により，マグマが発生し，火山が形成されます。プレートの位置とカスケード山脈の火山の状況を**図 1.14** に示します。

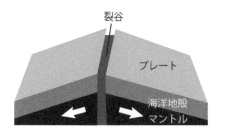

図 1.13 海嶺から形成されるプレートの動き

図 1.14 カスケード近辺でのプレートの存在と火山

・ファンデフカプレートの働き

　図 1.15 に示した，北アメリカ大陸のアメリカ西方沖にある面積の小さい海洋プレートがファンデフカプレートです（ファンデフカは周辺で昔，水先案内人をしていたギリシャ人の名前）。小面積にもかかわらず，セントヘレンズ火山の噴火など，カスケードの山々に影響を与えているのがこのプレートです。

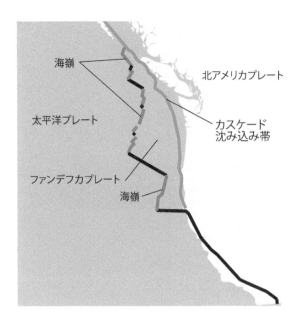

海嶺

北アメリカプレート

太平洋プレート

カスケード
沈み込み帯

ファンデフカプレート

海嶺

図 1.15 太平洋プレートと北米プレートの間に挟まれたファンデフカプレート

いずれは，北米プレートに潜り込み，消滅すると考えられています。

世界最大級のサンアンドレアス断層

　さらに，プレートの動きと関連して，アメリカ西部の地質で無視することができないのが，サンアンドレアス断層（**図 1.16**）です。サンアンドレアス断層とは，北アメリカ西岸にほぼ平行して北西～南東に走る長さ 1000 km 以上もある巨大な断層です。典型的な横ずれ断層であり，現在までに数回変動し，この地域に大きな影響を与えています。

　この断層が周辺の地震に大きく関係していることは改めて述べるまでもありません。1857 年の地震でロサンゼルス北方の断層が動き，1906 年のサンフランシスコ地震では最大 6 m，1940 年，1966 年の地震時にも全て右ずれに動いています。いずれの場合も垂直的なずれは 1 m 以内にすぎません。この断層は両側の地層の対比から，新生代古第三紀初めに活動を開始し，新第三紀中新世初めから今日までに約 560 km も右水平にずれ，第四紀に入ってからも約

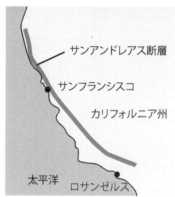

サンアンドレアス断層

サンフランシスコ

カリフォルニア州

太平洋　ロサンゼルス

図 1.16　サンアンドレアス断層

9 km ずれたと考えられています。

　サンアンドレアス断層の活動によって，周辺地域は地震の多発地帯となっています。1906 年にはサンフランシスコ地震が発生してサンフランシスコは町全体が甚大な被害を受け，犠牲者も 3000 人に達しました。**表 1.1** には，サンアンドレアス断層と関連した地震を示したものです。カリフォルニアには古い記録がなく，明確なものは 19 世紀後半以降になりますが，それでも頻繁に発生していることがわかります。

表 1.1 サンアンドレアス断層と近辺の大規模地震

発生時期	名称	規模・主な被災地	犠牲者数等
1857.1.19	フォートテフォン地震	M7.9・パークフィールド南方	2名？
1906.4.18	サンフランシスコ地震	M7.8・サンフランシスコ	3000名
1989.10.18	ロマプリータ地震	M7.1・サンフランシスコ	63名
1994.1.17	ノースリッジ地震	M6.8・ロサンゼルス	60名
2004.9.28	パークフィールド地震	M6.0・パークフィールド	被害は少

column サンアンドレアス断層とゴールデンゲートブリッジ

　サンフランシスコでの観光場所の一つにゴールデンゲートブリッジ（**図 1.17**）があります。1934 年から 4 年半の期間をかけて完成しました。ゴールデンゲート海峡は，潮の流れが強いところで，また，強風や霧が発生しやすく，さらには，空気が多量の塩分を含んでいるなど，気象条件的にも，橋を架けるには大変な困難を伴う場所です。何といっても，11 km 沖合には，上述のように 1906 年のサンフランシスコ地震はじめ，数々の地震を引き起こす原因となったサンアンドレアス断層が横たわっています。

　そのため，橋の基盤の調査も入念にされ，沖合 330 m にある南塔の基盤の蛇紋岩には載荷実験が実施され，強度が確認されました。両岸の基盤岩は蛇紋岩とチャートです。なお，日本の瀬戸大橋とは姉妹橋関係を結んでいます。

図 1.17 ゴールデンゲートブリッジ

太平洋のほぼ真ん中にある火山島ハワイ

　ハワイ諸島の火山群も有名です。ただ，ハワイ島の火山のでき方は，先に紹介した北アメリカ大陸西側の火山とは全く違います。

　ハワイ諸島は太平洋プレートの中に存在し，ハワイ島だけはホットスポットと呼ばれるマグマの火山活動が起こる場所に位置します（**図1.18**）。ハワイ諸島4島のうち火山活動が見られるのがハワイ島だけであるのはこのためです。南東海中にはロイヒ海山という海底火山が成長しているのが確認されています。

　ハワイ島の火山としてはマウナロア火山，キラウェア火山が代表的です。ともに玄武岩質のマグマからなり，このマグマは粘度が低く流れやすいため，溶

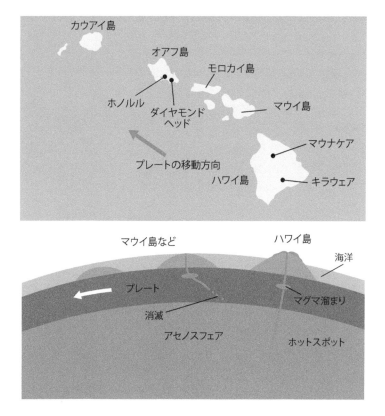

図1.18　ホットスポットのしくみとハワイ諸島

岩台地をつくります。爆発的な噴火の危険性は非常に少ないため，溶岩が噴出しているときでも観光客は近づくことができます。

　図 1.19 はキラウェア火山の噴火口（厳密には噴火口周辺の陥没といったほうがよいかもしれません）と，流出後に縄状に冷えて固まった溶岩の様子です。写真ではなだらかに見えるこれらの火山も標高は 4000 m を超えています。

　この写真（下）の溶岩は「パホイホイ型」と呼ばれ，比較的なめらかな表面をしており，縄のようなシワが見られるのが特徴です（特に左下部分）。なお，「パホイホイ」とはハワイ原住民の言葉で「なめらかな」という意味です。また，パホイホイ型に対し，表面がガサガサの溶岩を「アア型」といいます。

　ハワイ諸島はプレートに乗って少しずつ西北西方向に進み日本列島に近づいています。北北西にはすでに水没した天皇海山も存在していますが，このことからもプレートの方向が変わったことも知られています（図 1.20）。

　ハワイ島よりも日本からの観光客が多いのは，オアフ島です。オアフ島には現在，活火山はありませんが，標高 232 m のダイヤモンドヘッド（図 1.21）は，かつての火山活動で噴出した火山砕屑物が火口の周囲に積もった火山砕屑丘です。

図 1.19 キラウェア火山の火口と固まった溶岩（横浜国立大学 松葉口玲子教授撮影）

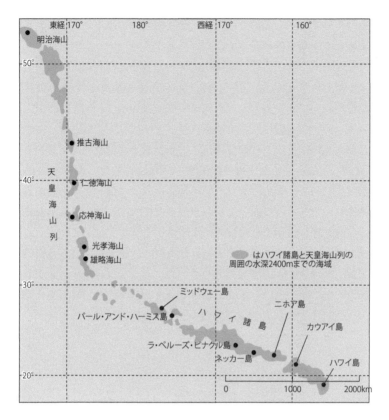

図1.20 プレートの動きと海山列

図1.21 ダイヤモンドヘッド

ハワイ島の火山のマグマと類似する日本の火山

　マウナロアやキラウェアと同じようなマグマの性質を持つ火山は日本列島にもあります。伊豆諸島の三宅島や三原山がその例です。島自体が火山であるだけでなく，島を構成する岩石もハワイ島と同じ玄武岩からなります。マグマに含まれている SiO_2（二酸化ケイ素）の量が少ないため，マグマの粘度が低く，噴火したときに溶岩が流れやすいのが特色です。**図 1.22** は 1988 年に噴火した後の三原山です。

図 1.22　噴火後の三原山

ニュージーランドの火山と地形

　ニュージーランドは地形的，地質的に見ても，首都オークランドのある北島と，観光客の多いクライストチャーチのある南島とに分けることができます。インド・オーストラリアプレートの下に太平洋プレートが沈み込んでいるため，地震や火山も日本と同様に多く，特に火山活動は北島で著しくなっています。

　北東の最高峰は円錐形の活火山でもあり，トンガリロ国立公園に立地するルアペフ山（標高 2797 m）です。国内最大の湖であるタウポ湖が中央付近にあります。これは 7 万年前に起こった世界最大の噴火（オルアヌイ噴火としても知られています）によって形成されたカルデラ湖です。**図 1.23** のように，ニュージーランド北島には景観的にも興味深い多くの火山が存在します。ところが，北東にあるホワイトアイランド火山が 2019 年 12 月午後，突然，噴火し

ました。ホワイトアイランド火山は直径2kmと小さく、海底火山の噴気孔がそのまま海面から出ている観光名所です。そのため、国外から観光に訪れていた47名が被害に遭い、13名以上の死者・行方不明者を出しました。

図1.23 ニュージーランドの主な火山

column 公開される大学キャンパス

　世界の大学の中には、キャンパスや博物館などが観光客や市民に開放されている大学もあり、中には、観光地の拠点となるような整備されているところもあります。**図1.24**はその代表的な、カナダのブリティッシュ・コロンビア大学のキャンパスです。

図1.24 ブリティッシュ・コロンビア大学キャンパス（左），同大学地学研究ラボ（右）

その他の環太平洋の活火山

　あまり観光地としては知られていませんが，東南アジアや中南米を訪れたときに意識しておいたほうがよい火山についても少し紹介しましょう。

・東南アジアの火山噴火

　東南アジアにおける近年の噴火というと，フィリピンのピナツボ火山（図1.25）の噴火が有名です。ピナツボ火山は，ルソン島の西端に連なる一火山であり，成層火山です。1991年に約900名の犠牲者を出した20世紀最大規模の噴火を起こしました。噴火前は標高1745 mの火山でしたが，噴火後は標高

図1.25 ピナツボ火山のカルデラ湖

1486 m になったといわれています。

　なお，19 世紀最大規模の火山噴火は，1883 年のインドネシアのクラカトア火山の噴火であり，犠牲者は 3 万名を超えました。クラカトア火山は，ジャワ島とスマトラ島の間に位置し，この噴火様式はプリニー式噴火と呼ばれています（名称の由来については後述します）。この噴火の特徴は，大量の火砕流や火山灰が発生し，被害が甚大になる点です。

　図 1.26 にジャワ島やスマトラ島の火山を示しましたが，島全体が火山といえるぐらいの火山の多さに気づくと思います。この原因は，フィリピン海プレートがマニラ海溝から西へ向けてユーラシアプレートの下に潜り込むことです。沈み込み帯の火山といいます。

　なお，フィリピンのタール火山は 2020 年 1 月に爆発的な噴火を起こしました。マニラ首都圏にも降灰し，住民の生活に大きな支障をもたらしました。20 世紀以降だけでも 10 回以上の噴火が発生しており，フィリピンの活動的な火山の 1 つです。

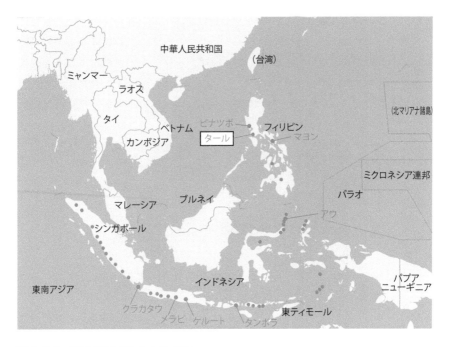

図 1.26　東南アジアの火山の分布

・中南米の火山噴火

　噴火規模と犠牲者数は必ずしも比例しません。20世紀の火山噴火で3万名を超える最大の犠牲者数を出したのは，カリブ海西インド諸島のプレー火山の噴火です。この時は火砕流による被害の様子が鮮明に記録に残されました。当時は熱雲と呼ばれていました。日本でも1991年の雲仙普賢岳の噴火のときに火砕流が発生し，42名が犠牲となりました。

　20世紀において2番目に多くの犠牲者を出したのは，1985年のコロンビアのネバドデルルイス火山の噴火です。この時は発生した泥流のために約2万名の人が犠牲になりました。

　メキシコにあるエルチチョン火山（1205 m）（**図 1.27**）は，1982年3月に大噴火しました。火砕流が発生し，犠牲者は明確ではありませんが少なくとも2000人以上，最多では1万7000人ともいわれています。放出されたエアロゾルによって世界の平均気温が下がったとも推測されています。

　南米の主な火山を**図 1.28**に示します。日本ではあまり評判にならず，訪問者は少ないのですが，アンデス山脈沿いにも海洋プレートが大陸プレートに沈み込む影響で図のように多くの火山が存在します。それらは，北部，中部，南部と火山地域をつくっています。

図 1.27　エルチチョン火山のカルデラ湖

図 1.28 南米の火山分布

ヨーロッパの火山帯

・地中海を臨む火山

　地中海に面した地域は，環太平洋火山帯に次いで，火山が集中する地帯です。イタリアから地中海北岸を東に走る火山帯のことを地中海火山帯と呼びます。地中海火山帯は大きく分けて，アフリカプレートがユーラシアプレートの下に沈み込むことに関係して生じた西側の火山群と，ユーラシアプレートとアラビアプレートとの衝突に関係してできた東側の火山群とに分けられます（**図1.29**）。

　特に地中海の火山帯には，ストロンボリ，ブルカノ，ベスビオス（いずれもイタリア），サントリニ（ギリシャ）などの国際的にも有名な火山が連ねています。世界遺産を有する国は現在165か国ありますが，2018年時点で，国別で最も多いのはイタリアでした（2019年に中国の二つの世界遺産が登録され

図 1.29 ヨーロッパのプレート境界と火山分布

たため，現在では中国とイタリアが同数で最多となっています）。世界自然遺
産にもイタリアの火山は登録されています。

・イタリアの火山

　イタリアでも特に有名なのが，地中海の中央部に位置するシチリア島のエト
ナ火山とその北部のティレニア海南部に浮かぶ火山性の諸島，エオリア諸島で
す（**図 1.30**）。イタリアを訪れる日本人は多いのですが，火山が注目される
のは，後述するナポリ近郊のベスビオス火山くらいかもしれません。

　エオリア諸島は，主要 7 島で構成されています。**図 1.31** に示したように，
それらは，リーパリ島，サリーナ島，ヴルカーノ島，ストロンボリ島，パナレー
ア島，フィリクーディ島，アリクーディ島であり，2000 年には，世界自然遺
産に登録されています。火山のことを英語で Volcano といいますが，これは
ヴルカーノ島（Vulcano）に由来します。

　また，噴火様式の一つに，「ストロンボリ式噴火」と呼ばれるものがあります。
この名称もストロンボリ島の火山にちなんで付けられたものです。特色として

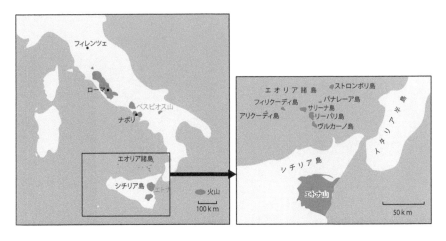

図1.30 シチリア島とエオリア諸島の火山

は，比較的穏やかな爆発を伴い，間欠的な噴火で夜の地中海の航海でも海路の目印となります（そのため，ストロンボリ火山は「地中海の灯台」とも呼ばれています）。一般的にストロンボリ式噴火とは，火山礫や火山弾等が数百 m 程度の高さに達する噴火に対して用います。この噴火の結果，火砕丘（スコリア丘）が形成されることがあり，阿蘇山の米塚も，これによるものと考えられています。

　さらに 2013 年には，シチリア島東部に存在する，ヨーロッパで一番高い活火山エトナ山も世界自然遺産に登録されました。エトナ山は世界で最も活動的な火山の一つといえます。最近でも 2018 年 12 月に噴火し，周辺に被害をもたらしました。

　イタリアで有名な火山にナポリのベスビオス火山があります（ヴェスヴィオ火山ともいう）。この火山は紀元 79 年 8 月 24 日の大噴火が有名です。「プリニー式噴火」の名は古代ローマの博物学者大プリニウスに由来しますが，この噴火に遭遇した大プリニウスは，調査や救助活動の最中に自らの命も失います。その状況を甥の小プリニウスが詳細に書き留め，これが後世まで伝わり，この噴火形式が「プリニー式噴火」と呼ばれるようになりました。

　この時の火砕流でポンペイ市が埋没し，小説や映画でおなじみの「ポンペイ最後の日」の歴史的舞台となっています。ユネスコの「世界文化遺産」にも指定されているこの地域（正式には「ポンペイ，ヘルクラネウムおよびトッレ・

アンヌンツィアータの遺跡地域」）は1748年に再発見されて以来，断続的に発掘調査が行われ，当時の生活が明確になる考古学的にも意義のある遺跡となっています（図1.31）。

　ベスビオス火山は現在では噴火していませんが，ナポリ湾に調和してそびえており，風光明媚な景観に一役買っています（図1.32）。この美しさは「ナポリを見て死ね」と呼ばれるくらい，地元では称えられています。

　また，ベスビオス火山は，海に面した火山として，日本の鹿児島県の錦江湾・桜島と類似性があります。そこで，鹿児島市とナポリ市との間で1960年

図1.31　発掘されたポンペイの街並みの様子

図1.32　ナポリ湾とベスビオス火山

に姉妹都市盟約が結ばれました。現在，鹿児島中央駅から東側の大通りはナポリ通りと呼ばれています。そしてナポリ市にも鹿児島市通りがあります。

　図1.33は錦江湾の桜島です。なお，桜島は1914（大正13）年に噴火し，その時の様子は，図1.34のように現在でも埋没した鳥居が保存されるなど，凄まじい状況が推察されます。何よりもこの時の噴火によって，桜島と大隅半島がつながることになりました。

　しかし，国内の火山噴火の被害で，「日本のポンペイ」と呼ばれているのは，群馬県鎌原村です。この地域では，1783年（天明3年）の浅間山の噴火によって生じた岩屑なだれによって，村全体が埋められ，当時の村の人口570名のう

図1.33　錦江湾の中の桜島

図1.34　大正13年の噴火の状況がうかがえる埋没された鳥居

ち，477名もの人命が失われました。

　鎌原観音堂の50段存在した階段のうちの35段が埋没しました。1979（昭和54）年発掘時に，この階段で避難中であったと思われる二人の人骨が見つかりました。二人の女性は若い女性と年配の女性であり，若い女性が母親を背負って逃げる最中に岩屑流れに飲み込まれてしまったのでは，と考えられています。結局この噴火で，関東地方も含めて1600名を超える犠牲者が出ました。

　図1.35は，現存する階段と当時の様子を示した看板です。

　なお，現在の浅間山の写真を遠景と上空から図1.36に示しました。浅間山は日本の代表的な活発な活火山として有名です。長野県北佐久郡軽井沢町，御代田町と群馬県吾妻郡嬬恋村とを跨ぐ安山岩質の標高2568mの成層火山です。

図1.35　日本のポンペイ鎌原村

図1.36　浅間山

上空から撮影した写真でも見られるとおり，山体は円錐形を呈しており，カルデラも形成されています。

column ベスビオス火山とプロメテウス火山

　千葉県浦安市に位置するディズニーシーの中央部には，プロメテウス火山があり，訪問客を楽しませています。この火山のモデルとなったのが，ベスビオス火山です。

アフリカの地溝帯の火山

　アフリカ大陸にも多くの火山が存在します。特にアフリカ大陸の東側には南北に火山が並んでおり，アフリカ最高峰のキリマンジャロ（**図 1.37**），アフリカ第2の標高を持つケニア山などの高い山地が周囲に広がっています。アフリカでの火山の分布を**図 1.38** に示しました。

図 1.37　キリマンジャロ（大阪府立刀根山高等学校 久保ありさ教諭撮影）

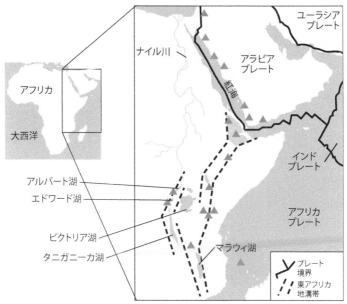

図1.38 アフリカの火山とアフリカ地溝帯の地形

この周辺の地形の様子を見てみましょう。大きく見て地溝帯の特色が現れています。地溝帯とは，平行に走る二つの断層崖に囲まれた凹地のことです。地溝帯の中でもアフリカ大陸を南北に縦断する巨大な谷は大地溝帯（グレート・リフト・バレー）と呼ばれています。この場所はプレート境界の一つですが，プレート同士が衝突したり，一方のプレートが他方のプレートに潜り込んだりするようなプレート同士が接近するのではなく，逆にプレート同士が遠ざかります。そのため，日本列島のような逆断層でなく，大地溝帯では正断層となります。

　この地溝帯が形成された原因として，マントルの上昇流がこの辺りに存在していることが考えられます。このマントル上昇流が全体として，大地溝帯周囲の地殻を押し上げ，さらに地殻に当たったマントル上昇流が東西に流れることで，アフリカ大陸東部を東西に分離する力につながっていると考えられています。

　一般的には，マントルの上昇は，海嶺部に見られ，大陸の中で見られることは多くありません。このため，アフリカの大地溝帯では，中央部に巨大な谷，周囲に高い山や火山が存在することになります。

火山の形成とプレートとの関係

　ここで，火山の発生をプレートとの関係から整理しておきましょう。

①海洋プレートが大陸プレートに沈み込むことによってできる場合

　日本列島における典型的な火山帯です。

②海洋プレートが他の海洋プレートに沈み込むことによってできる場合

　太平洋プレートがフィリピン海プレートに沈み込んでできる伊豆，小笠原諸島の火山帯です。

　一般的には，1，2をまとめて，島弧海溝系と呼びます。

③プレートが拡大してできる場合

　例えば，アフリカの大地溝帯，中央海嶺などがこれに相当します。

④ホットスポット

　ハワイのところで紹介したような火山列をつくります。

　これらを次の図（**図 1.39**）に示します。

①海洋プレートが大陸プレートに沈み込む場合

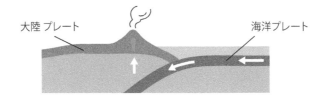

②海洋プレートが海洋プレートに沈み込む場合

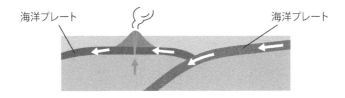

③プレートが拡大する場合

④ホットスポット

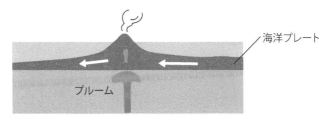

図1.39 火山の形成される状況

石灰岩地形と奇観

　大陸や海洋，そして河川や島嶼における地形で面白いものに石灰岩の景観があります。石灰岩による絶景は，峡谷やカルスト地形だけでなく，地下の鍾乳洞としても見られます。日本列島にも数多くの石灰岩の景観が存在します。秋吉台（山口県），平尾台（福岡県），四国カルスト（高知県）の日本3大カルストだけでなく，地中の様々な鍾乳洞は観光地にもなっています。日本で石灰岩の絶壁として，世界ジオパークでもある糸魚川ジオパークのジオサイトの一つ，明星山（**図 1.40**）があります。この絶壁はロッククライミングの場としても活用されています。

　当然のことながら，石灰岩地域は世界各地で見られます。世界の峡谷や鍾乳洞を見ていきましょう。

図 1.40　糸魚川世界ジオパークの中の明星山

台湾，太魯閣峡谷

　図1.41 は，台湾の太魯閣峡谷（国立公園）の一部を示したものです。台湾も日本と同様に地殻変動が著しく，急峻な山や峡谷が形成されます。この渓谷をつくる岩石は，かつては，より南の海で形成された石灰岩でした。古生代から中生代にかけて，強い圧力や熱を受けて原岩が変成し，結晶片岩や結晶質石灰岩（大理石）となり，その後も著しい地殻変動を受け，河川の侵食作用による力も加わって，現在見られる様な峡谷となっています。

台北

太魯閣国家公園

花蓮

高雄

図1.41　台湾・太魯閣峡谷とその位置

世界最古の鍾乳洞　ジェノランケーブ

　オーストラリアのシドニー近郊には，ジェノランケーブと呼ばれ，世界最古と紹介される鍾乳洞があります。鍾乳洞を構成する石灰岩が形成されたのが，古生代石炭紀（約3億5000万年前）と考えられています。鍾乳洞を形成する石灰岩がそれくらいの古さでも珍しくはありませんが，鍾乳洞自体の起源となれば年代を推定するのは容易ではありません。この洞窟内部の様子を**図1.42**に示します。

　洞窟群は9つの鍾乳洞から構成されています。ライトアップが神秘的で，一年中，多くの観光客が訪れています。

ジェノランケーブ
（ブルーマウンテン国立公園も近く）

シドニー

メルボルン・　キャンベラ

図 1.42　ジェノランケーブの内部

ヨーロッパ最大級の鍾乳洞

　ヨーロッパで鍾乳洞が最も多い国は，スロベニアです。この国では，確認されているだけでも 1 万以上の鍾乳洞があるといわれています。**図 1.43**（左）で示したポストイナ鍾乳洞は，スロベニアのポストイナ近郊に位置し，スロベニアはもとより，ヨーロッパ最大級の鍾乳洞と考えられています。島洞窟，黒洞窟，ピウカ洞窟，マグダレナ洞窟等と合わせた洞窟全体の総延長は 20 km 以上にも達します。

　他の観光地の鍾乳洞とは異なって，トロッコ列車に乗り込んで洞窟の奥深くへ進んでから洞窟内の散策がスタートする点が最大の特色といえます。

　スロベニアは，カルスト台地に立地し，国の半分以上が石灰岩からなっています。そのため，図のような鍾乳洞が発達しています。

　図 1.43（右）は周辺の石灰岩質からなる崖と鍾乳洞の形成とも関わる河川です。一般に鍾乳洞の形成には水が関わっているため，河川が流れていることが多く，それが鍾乳洞の景観と調和しています。また，ジュリア・アルプス山脈の麓に広がるブレッド湖周辺は，石灰岩の岸壁にそびえ立つブレッド城やブレッド氷河湖など，その景観の美しさで観光客にも人気があります（**図 1.44**）。

　世界遺産（自然遺産）に登録されているシュコツィアン洞窟群も有名ですが，洞窟内では環境保護の観点から写真撮影が禁止されています。

　本章で紹介するヨーロッパでの石灰岩に関する地形の位置は**図 1.45**で示し

ます。

図 1.43 スロベニア・ポストイナ鍾乳洞と周辺の散策路（北海道大学大学院 三ツ井聡美氏撮影）

図 1.44 スロベニア・ブレッド湖（三ツ井聡美氏撮影）

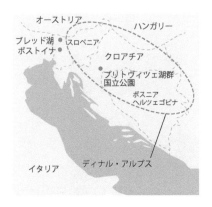

図 1.45 ヨーロッパの石灰岩地形の位置

ヨーロッパ最大級の石灰岩質山地の湖群

　ヨーロッパで最も広い石灰岩質山地の一つとして，ディナル・アルプスのカルストが挙げられます。世界遺産（自然遺産）にも登録されているクロアチアのプリトヴィツェ湖群国立公園は，このディナル・アルプス山脈と呼ばれる山地に点在するカルスト地形の中のプリトヴィツェ台地に位置します。湖群名もこの台地名にちなんで付けられています。**図 1.46** は石灰岩質のカルストに立地するその中の湖の一つです。

　この地域に存在する 16 の湖は，山間から流れ出てくる水が標高 636 m から503 m まで，およそ 8 km にわたって南北方向に流れる中で形成され，上流の湖群と下流の湖群が成り立っています。

図 1.46 プリトヴィツェ湖群国立公園（三ツ井聡美氏撮影）

島々の石灰岩の地形

　ベトナム・ハロン湾は1994年にユネスコの世界遺産（自然遺産）に登録され，観光客が増加しています。地質学的には北の中国・桂林から，南はベトナム・ニンビンの広大な石灰岩台地の一角にまで広がっています。ハロン湾では，石灰岩台地が沈降し，侵食作用が進んで，**図 1.47** のような現在の景観を呈するようになったと考えられています。**図 1.48** に示した帆船での島々の間のクルーズに人気があり，そのクルーズでは，上陸して鍾乳洞を観光したり，シーカヤックを楽しんだりすることができます。

図 1.47　ベトナム・ハロン湾の石灰岩でできた島々

図 1.48　ハロン湾のクルーズ船

桂林

　中国の広西壮族自治区に位置する桂林は,「桂林の山水は天下に冠たり」と称えられた絶景の地です。中国の山水画にも頻繁に描かれ, 自治区第1の観光地というより, 世界の観光地といってもよいでしょう。

　代表的な景観である漓江と呼ばれる川では, 川下りによって, その光景を実感できます。石灰岩によってできた不思議な形をした絶景は, 古生代の海中に堆積されたサンゴ礁等を起源とする石灰質の岩体が, その後, 新生代第四紀の地殻活動によって地上に隆起したものです。また, 二酸化炭素を含む雨水等によって, 石灰岩の一部が削られたり溶かされたりして, 複雑な岩石の形を呈するようになります。

　桂林は世界遺産には登録されていませんが, 近辺の「中国南部のカルスト地形」は 2007 年, 世界遺産（自然遺産）に登録されました。その範囲は, かつて四川省に属していた重慶市, その南に位置する貴州省, さらに雲南省に跨るカルスト地形を含んでいます。これまで紹介してきたように, 地上でのカルスト台地とともに, 地下にしみ込んだ水は, 鍾乳洞や地下河川をつくります。

　なお, 桂林が位置する広西チワン族自治区は, 先のハロン湾を有するベトナムと国境を接しています。

上海・豫園の玉玲瓏

　観光客も多い上海・豫園には, 宋代の皇帝が集めた石灰岩の奇岩が庭園を形づくっています。**図 1.49** は玉玲瓏と呼ばれ, 高さ約 3 m の中国三大太湖石の一つです。太湖石とは, 蘇州付近にある太湖周辺の丘陵から切り出され, 中国各地の庭園で見られる石灰岩です。

　この石灰岩の中の多数の細かな穴は, かつて太湖（**図 1.50**）の中でつくられたポットホールです。浅い水中での流れる石の回転によって, 湖底に形成された穴です。

図 1.49　石灰岩の銘石・玉玲瓏

中国

太湖 •

図 1.50　太湖とその位置

1.3 花こう岩の地形

　花こう岩は西日本を中心に日本各地で見られますが，世界的にも広く分布しています。日本列島のような造山帯よりも，むしろ，大陸地殻の全域にわたって広く分布しているといってよいでしょう。

　地下深部でマグマがゆっくりと冷えて固まった深成岩ですので，地表に出ている部分よりも地下深くに多く広がっていると考えられ，大陸の表面を覆う比較的薄い堆積岩の下に横たわる基盤岩の大半を占めていると推定されています（図 1.51）。

　花こう岩は，先カンブリア時代から，新生代第四紀に至るまで，あらゆる地質年代にわたって地殻に貫入してきました。地質時代の長さと関わりがあり，世界的には先カンブリア時代に生成したものが多く見られますが，日本では中生代以降に生成したものが最も広い面積を占めています。

　なお，日本では，島根県津和野町で見つかった先カンブリア時代の「花こう片麻岩」の岩体が最も古い花こう岩で，北アルプスから産出された新生代第四紀の「滝谷花こう閃緑岩」と呼ばれる約 120 万年前のものが最も新しい花こう岩です。これらは少し名称が細かくなっていますが，いずれも花こう岩と考えてよいでしょう。

　花こう岩は，地球上では地殻を構成する主な岩石ですが，地球以外の太陽系の惑星には，ほとんど存在していません。この理由としては，花こう岩の形成

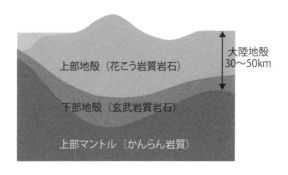

図 1.51　大陸地殻の深部で形成される花こう岩

には，水の関与が不可欠であり，大量の水を伴う海を持つ地球しか花こう岩を形成できなかったと推定されています。

column 世界遺産（自然遺産），屋久島の花こう岩

　鹿児島県屋久島の基盤をつくる岩石は花こう岩です。ただ，先述のように日本の花こう岩が中生代後半に形成されたものが多いのに対して，ここの花こう岩は，新生代新第三紀（約1500万年前）の，国内では比較的新しい時代にできたものです。屋久島の花こう岩の特色は，**図1.52**のように四角い正長石が観察されることです。

図1.52　正長石が観察される屋久島の花こう岩（丸印が正長石）

インド・デカン高原

　インドのデカン高原にも先カンブリア時代の花こう岩，さらにその後の熱変成を受けた花こう片麻岩が存在します。図 1.53 にその状況を示します。

図 1.53　変成を受けたインドの花こう岩体

ヨーロッパ・ドイツの花こう岩地形

　南ドイツのフィヒテル山地には，古生代終わりのバリスカン期の花こう岩活動でできた大きな花こう岩類の巨石が散在しています。フィヒテル山地は，ドイツ・バイエルン州北部に位置する中低山地ですが，その一部は，チェコ北西部にかかっています。この山地のうち 1020 km² はフィヒテル山地自然公園に指定されています。侵食され，風化された花こう岩は，図 1.54 のような景観を示しています。

　詩人で科学者であったゲーテは数度この地を訪れ，花こう岩のスケッチを残しています。

図 1.54　ドイツの花こう岩

北アメリカ・ヨセミテ国立公園

　アメリカの自然景観の中で，最も有名な絶景の一つとしてヨセミテ国立公園
があります。これらの景観をつくっている岩体はほとんど花こう岩であると
いってよいでしょう。形成年代は，9500万年前から8240万年前と中生代の終
わり頃であり，西日本で見られる花こう岩の年代とほぼ同じです。また，氷河
による侵食作用によって，日本では見られないような形に変化しています。ヨ
セミテ国立公園も世界遺産（自然遺産）として登録されています。

　ヨセミテの多様な花こう岩を少し紹介しましょう。

　ハーフドーム：標高2700mに位置します。図1.55に示したように文字通り，
もともとはドーム状であった花こう岩の岩体が侵食作用によって，割れている
のが特色です。

　エル・キャピタン：高さが1000mを超え，世界最大級の花こう岩の1枚岩
といってよいでしょう。

　上のハーフドーム，エル・キャピタン，カサドラルロックなど，ヨセミテ渓
谷が一望にできるのが，トンネルビューと呼ばれる撮影スポットです。図1.56
は，ここから撮影した景観です。

　また，ヨセミテ渓谷では，北アメリカで最も落差の大きいヨセミテ滝（739m）
もあります。ヨセミテ滝はアッパーフォール（436m），ローワーフォール

図1.55　ハーフドーム

図 1.56 トンネルビューからのヨセミテ渓谷

図 1.57 ヨセミテ滝

（97 m），その間のカスケード（206 m）の 3 段からなります。**図 1.57** は水が最も少ない時期の 8 月に撮影したものです。4 月から 5 月にかけては雪解け水で，水量が多く，迫力のある景観となります。

　なお，ヨセミテ渓谷の主なビューポイントは，先のトンネルビュー以外にもハーフドーム前のグレーシャーポイントがあります。**図 1.58** にグレーシャーポイントから撮影した景観を示し，また，上で紹介したヨセミテ国立公園のポイントの位置関係を**図 1.59** にまとめておきます。

図 1.58　グレーシャーポイントから撮影した景観

図 1.59　ヨセミテ国立公園内の絶景ポイント

　ヨセミテ国立公園の絶景を花こう岩の侵食を中心に説明してきました。**図 1.59** のヨセミテ渓谷（茶色の部分）が主に観光客の集まる範囲です。しかし，この範囲は面積的には公園の1%にもなりません。ヨセミテ国立公園はジャイアントセコイアなど植生が豊かで，生物学的な多様性が多くの人を惹きつけています。

第2章

絶景が形成される過程

クィーンズヘッド

自然景観の形成には，二つの大きな力が重要な働きをします。一つは，地震や火山活動など，地殻変動を引き起こすような地球内部のエネルギーの働きです。もう一つは，降雨，降雪など気象現象や気候変動などにつながる地球外部のエネルギー，つまり大気や水の循環等に大きな影響を与える太陽の働きです。

　地球内部の一時的な力の働きによって，短期間に景観が変容することもありますが，多くの場合，人間の歴史の時間軸を遥かに超える継続的な力によるものです。絶景と呼ばれる世界の自然景観は，壮大な時間と空間の中でつくられてきたといえるでしょう。

　前章でも述べましたように，世界の景観をつくるメカニズムが日本のそれと同じであることも珍しくありません。一方で，日本は地殻変動が著しいため，狭い国土の割には世界的に特異な自然景観がつくられることもありますが，世界には，日本では想像もつかない自然条件が働き，絶景をつくる場合もあります。ここでは，それらの比較を踏まえながら考えてみましょう。

2.1　美しきアルプス山脈

日本アルプスとヨーロッパのアルプス

　日本列島の本州中央部の山岳地帯は日本アルプスと呼ばれています。日本アルプスは北アルプス（飛騨山脈），中央アルプス（木曾山脈），南アルプス（赤石山脈）から構成され，形成された時代や山をなす岩石はそれぞれのアルプスによって異なりますが，3000 m 級の高峻な峰が多く，また，山脈の規模が大きいことから，日本アルプスの名にふさわしいといえます。さらには，日本では少ない氷河地形が存在し，高山植物などの植生や高山特有の生態系も見られ，日本の代表的な自然景観となっています。飛騨山脈は中部山岳国立公園，赤石山脈は南アルプス国立公園という国立公園に属しています。

　日本アルプスの名称は，明治維新の頃，イギリス人技師のガーランドによって名付けられ，後に「日本近代登山の父」とも呼ばれる宣教師ウェストン卿がその名を世界に広めました。まず，**図 2.1** にヨーロッパの中で，本家ともい

図2.1　スイス・アルプスの景観

えるスイスのアルプスの景観を示しましょう。「アルプスの少女・ハイジ」の
世界です。

本家ヨーロッパのアルプス

　アルプス山脈は，ヨーロッパ中央部を東西に広がる長大な山脈です。**図2.2**
にアルプス山脈の占める範囲を示します。アルプス山脈が存在する国はオース
トリア，スイス，ドイツ，フランス，イタリア，リヒテンシュタイン，スロベ
ニアと7か国にも及びます。

　では，このアルプス山脈はいつ頃，どのようにしてできたのでしょうか。世
界的な大規模な地殻変動は，これまでにも何度かあり，その一つがアルプス造
山運動です（アルプス・ヒマラヤ造山運動と呼ばれることもあります）。ヨーロッ
パのアルプス山脈が形成された時代は，この地域だけでなく，世界的に造山運
動が活発だった時期でした。

　先カンブリア時代の終わり（約6億年前）以降，世界的な造山運動は，カ
レドニア造山運動，バリスカン造山運動，そしてアルプス造山運動の3つの

図 2.2 アルプス山脈の範囲とその国々

造山運動の時期に区別されています。

　それらの造山運動の活発な時期として，カレドニア造山運動が約4～6億年前，バリスカン造山運動が約2～4億年前，アルプス造山運動がそれ以降と分けられています。それぞれの時代の造山運動が，世界の造山帯の地域をつくっています。

　これらの造山帯の分布を**図2.3**に示しました。カレドニア造山帯は北アメリカのアパラチア山脈からイギリス・スカンジナビア半島，さらにはオーストラリア大陸東側にまで存在します。また，バリスカン造山帯は，フランス北部からイギリス南部などヨーロッパ大陸の東西に広がっています。ユーラシア大陸のほぼ中央に存在するウラル造山帯もほぼ同じ時期にできました。

　アルプス造山帯は，アルプス，ヒマラヤから南北アメリカ大陸まで見られます。つまり，現在見られる大山脈の全ては，アルプス造山運動によって形成されたものであると考えてもよいでしょう。

　アルプス造山運動をもう少し詳しく見ていきましょう。繰り返しますが，アルプス造山運動とは，一般的には，中生代から新生代中ごろにかけて世界各地に起こった造山運動を指します。その主な地域は，アルプス山脈などの地中海

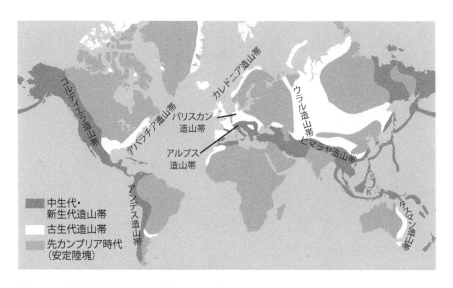

図 2.3 世界的規模の造山運動と造山帯

地域からヒマラヤ山脈に至る地帯と，ロッキー山脈からアンデス山脈までに至る，南北アメリカ大陸を縦断する環太平洋地域です。これらの地域に生じた造山運動を合わせてアルプス造山運動と呼びます。

　アルプス山脈は，新生代古第三紀漸新世から新第三紀中新世の間に，アフリカ大陸が北上しながら，ヨーロッパ大陸へ衝突したことによってつくられました。中生代後期の白亜紀にテチス海で堆積した地層が圧縮され，その結果，隆起してアルプス山脈となりました。

　衝突時の強い圧力は，**図 2.4** のように横臥褶曲（押し被せ褶曲ともいいます）と衝上断層（押し被せ断層ともいいます）により，ナップ構造と呼ばれる地層の水平移動を生じさせました。

　ナップ構造とは，ほぼ水平な衝上断層をすべり面として，その上を数 km から数 10 km 移動した地層や岩塊のことを示します。つまりナップ構造は，かつては横臥褶曲であったものが衝上断層となり（**図 2.4**），形成されたものといえるでしょう。もともとフランス語でナップ（nappe）とは，「テーブル掛け」のことを意味し，広く平らに覆っているものを表します。

　ナップ構造が普通の地層の堆積状況と異なるのは，ナップ内部で地層の上下の逆転が見られることです。つまり，ナップ構造を構成する地層は，その下側

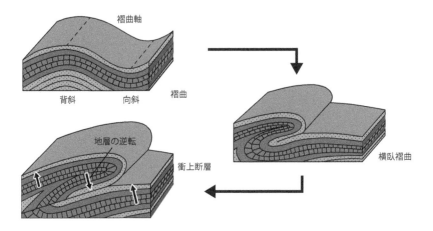

図 2.4 横臥褶曲と衝上断層

の地層より古い時代のものが多く，「地層累重の法則」（古い地層の上に新しい地層が重なる）には則っていないことが一般的です。アルプス山脈で見られるナップ構造は，横臥褶曲の一部が破壊されたり，消失したりしたため，一層複雑になっています。

図 2.5 のように，ナップ構造が侵食等によってその本体から切り離された

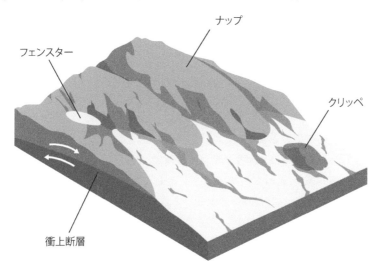

図 2.5 ナップとクリッペ，フェンスター

ものをクリッペ（断崖，絶壁の意）と呼びます。また，クリッペとは逆に，古い地層（上層）が侵食されて取り除かれ，より新しい地層（下層）が露出したものをフェンスターといいます。フェンスターとはドイツ語で「窓」を意味し，ナップ上層にあいた窓から下層が見えることから名付けられています。

　アルプスの地質構造の特徴は，横臥褶曲と衝上断層により古生代や中生代の地層が何10kmも水平方向に移動して，それより新しい地層の上に積み重なるナップ構造であることです。ナップ構造の形成により，地殻が積み重なったため，地層の厚みが大きくなり，アルプスの高い山脈が形成されるようになりました（**図2.6**）。

　ナップ構造を基盤として，今日見られるアルプスの壮大な景観は，新生代第四紀に入ってからの氷河の侵食作用が作り上げたものです。例えば，カール（圏谷。氷河の侵食による広いお椀状の谷）やホーン（氷食尖峰。同様の尖った地形），U字谷などは，その典型的なものです。氷河の作用による絶景は，また次の章で紹介します。

　最後の氷期が終わった約1万年前に気候は大きく変化し，氷河は山脈の奥に後退し，モレーンや氷河湖をつくりました（モレーンとは氷河が流れたときに削り取られた岩石が堆積した地形）。また，アルプスの森林には，氷河によって運ばれた巨大な花こう岩を残されています（迷子石と呼ばれることもあります）。

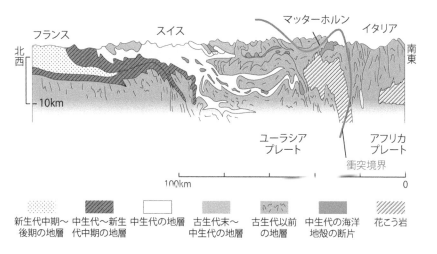

図2.6　アルプス山脈の断面図

アルプスを構成する岩石

　次にアルプスを構成する地質や岩石について，地質構造とともに見ていきましょう。図2.7はアルプスの大まかな地質構造図です。

　モンブランやユングフラウのあるヘルベチアアルプスは衝上断層や横臥褶曲が最も著しい地域であり，先述のナップ構造がこの地域をつくっています。つまり，古生代の片麻岩と結晶片岩や古テチス海（テチス海については後に述べますが，古生代デボン紀に現れ，石炭紀に広がり始めました）に堆積した石灰岩層の上に，モンブランは花こう岩，ユングフラウは花こう岩や片麻岩などのより古い時代にできた基盤が乗っかっています。

　同様にマッターホルンも，上の岩石が古い花こう岩と片麻岩とから形成され，下の岩石のほうが新しい変成岩からできているナップ構造です。西アルプス山脈群の西南部にあるペニンナップでは，両側が氷河によって侵食されたホーン地形であるマッターホルンを含んでいます。ここはイタリアとフランスの境界にあり，この地域をペニンアルプスと呼ぶことがあります。東アルプス・ナッ

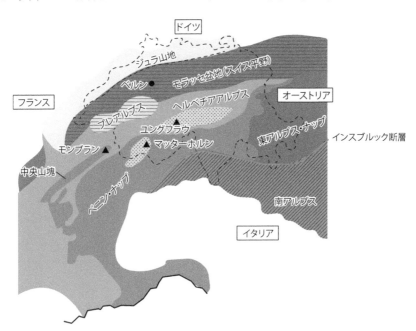

図2.7　アルプスの地質の特色

プは構造的にはアルプス群の最高位のものであり，そのため，大きな変成作用は受けていません。

インスブリック断層より南側が南アルプスです。ここでは，花こう岩の基盤を古生代ペルム紀以降の地層が覆っています。

一方，ヘルベチアアルプス北側のスイス平野と呼ばれるモラッセ盆地は，古第三紀から新第三紀の堆積物によるアルプス造山帯の外側の堆積盆地です。さらにその北のドイツ・フランス国境のジュラ山地は中生代ジュラ紀の模式地です。

アルプスを構成する各国の山々

先述のような地殻変動の結果，アルプスには様々な山地が誕生しました。アルプスを構成する主な山を挙げてみましょう。最高峰は，フランスとイタリアに跨るモンブラン（4811 m）です。さらにフランスとイタリアの国境にはグランド・ジョラス（4208 m），フランス国境近くのイタリアにグラン・パラディーゾ（4061 m）など，両国の間には 4000 m を超える山々が連なっています。

他にも，オーストリアにグロースグロックナー（3798 m）が，ドイツにはツークシュピッツェ（2962 m）が，そしてスロベニアにはトリグラウ（2864 m）があり，それぞれの国の最高峰となっています。

人気観光地としてのスイスのアルプス

国土面積の 60% 以上がアルプスに属するスイスでは，登山家だけではなく，多くの観光客が訪れる魅力的な山々があります。例えば，スイス最高峰のモンテ・ローザ（4634 m）はじめ，マッターホルン（4478 m），ユングフラウ（4158 m），アイガー（3970 m）はその代表的なものといえます。

日本からの観光客にも人気のあるユングフラウ，アイガーを図 2.8，2.9 に示します。氷河等に覆われているため，写真では不明ですが，ユングフラウは，古生代の片麻岩と花こう岩からなり，先述のナップ構造によってできています。ユングフラウの北側にある岩壁で，登山家にも有名なアイガーは中生代のジュラ紀および白亜紀の石灰岩からできています。

図2.8 ユングフラウの頂上付近（スフィンクス展望台より）

図2.9 アイガー北壁と周辺の山々

　標高3454mにあるユングフラウヨッホ駅までは，鉄道を乗り継いで上がることができます。この駅はヨーロッパで最も高い場所に位置する駅です。ここから，ユングフラウを間近に見ることができるスフィンクス展望台までエレベータで上がることが可能です。展望台では，世界遺産にも認定されたアレッチ氷河も間近に見られます。また，世界で最標高にある郵便ポストから投函することもできます（近くに郵便局があり，切手と葉書を購入して，すぐに送付できるので，世界各地の自宅の自分宛に郵送する観光客も目立ちます）。

　図2.10はユングフラウの麓の景観であり，山稜直下に氷河によってつくられたカール（圏谷）が見られます。氷河が成長とともに山肌を削り，山地の斜面をえぐったような半円形を形づくります。

図 2.10 ユングフラウ周辺のカール（圏谷）

アルプスの氷河湖

　現在でも，アルプスには大小 1300 の氷河が存在し，アルプス全体の面積の 2% を占めています。アルプスではこの氷河が重要な役割を果たしました。例えば，U 字谷は氷河の直接的な働きによるものですが，U 字谷の先端に氷河にえぐりとられた堆積物が溜まって渓谷をふさぎ，氷河湖が生じた例も数多く存在します。例を挙げると，コモ湖やボーデン湖，ルガーノ湖，レマン湖，ルツェルン湖といった細長い氷河湖がアルプス全域で見ることができます。特にスイスでは，景観を引き立たせるような湖が各地に存在します（**図 2.11**）。

図 2.11 スイスに見られるアルプスの氷河湖

2.2 世界最高峰ヒマラヤ山脈

　アルプス・ヒマラヤ造山運動とも呼ばれるだけあり，ヒマラヤ造山運動もアルプス造山運動とほぼ同じ時期に起こりました。世界で最も高い山がヒマラヤ山脈の中のエベレスト（8848 m）であることは有名ですし，多くの登山家がこの山頂を目指します（**図2.12**）。

　ヒマラヤ山脈では，エベレストだけでなく，カンチェンジュンガ（8586 m），ナンガ・パルバット（8125 m）をはじめ，8000 mを超える世界でも有数の高山が，迫力ある景観を展開しています。

　ヒマラヤ山脈は，東西延長2400 km，幅150 〜 250 kmの弧の形をした山脈です。ヒマラヤ山脈は日本列島とほぼ同じ大きさであり，インド，中国（チベット自治区），パキスタン，ネパール，ブータンと，5か国に跨って横たわっています（**図2.13**）。

図2.12 エベレスト（久保ありさ教諭撮影）

　「エベレスト」は地元チベットでは「チョモランマ」（世界の母なる女神の意味）と呼ばれています。「エベレスト」はイギリスのインド測量局長官ジョージ・エベレストにちなんで付けられたもので，登頂にはじめて成功したのは1953年イギリス隊のエドモンド・ヒラリー達のチームです。なお，エベレストの南

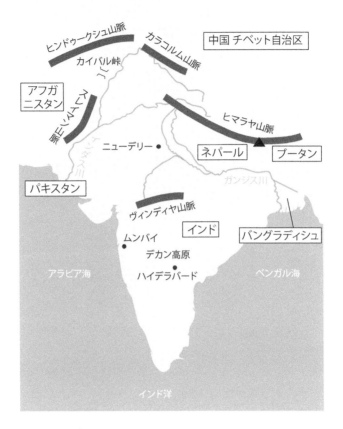

図 2.13 ヒマラヤ山脈の位置

麓に位置するネパールのサガルマータ国立公園はユネスコの世界遺産に登録されています。

ヒマラヤ山脈の形成

　では，ヒマラヤ山脈はどのようにしてできたのでしょうか。

　実は地球の歴史から見ると，ヒマラヤ山脈の形成はそれほど古い話ではありません。それどころか，ヒマラヤ山脈は地球上で若い山脈の一つであるとすらいえます。

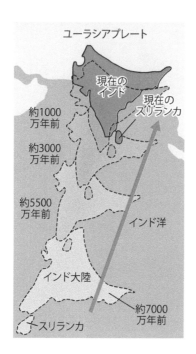

ユーラシアプレート

現在の
インド

現在の
スリランカ

約1000
万年前

約3000
万年前

約5500
万年前

インド洋

インド大陸

約7000
万年前

スリランカ

図2.14　インド大陸の移動とユーラシア大陸への衝突

　山の隆起は，例によって，プレートの動きと関係します。ヒマラヤ山脈は，プレートテクトニクス理論から，インド・オーストラリアプレートのユーラシアプレートへの沈み込みで起きた大陸同士の衝突による造山運動から生じたと考えられています。図2.14はインド大陸の移動とアジア大陸への衝突，そしてヒマラヤ山脈の形成の過程を示しています。

　両大陸の衝突は，中生代白亜紀後期（約7000万年前）に始まりました。その頃，インド・オーストラリアプレートは年間約15cmの速度で北上し，当時のユーラシアプレートと衝突したと推測されています。

　新生代古第三紀（約5000万年前）になって，このインド・オーストラリアプレートの速い動きによって海底の堆積層が隆起し，インド大陸とユーラシア大陸の間にあったテチス海を完全に封鎖しました。また，衝突の周縁部には火山が発生したと考えられています。

　図2.15は衝突したインド大陸とユーラシア大陸の断面図を示します。インド大陸がユーラシア大陸の下に潜り込んで大規模な隆起が起こり，ヒマラヤ山

脈が作り出されました。なお，大陸プレートは海洋プレートと違って軽いので浮力が働き，潜り込みにくいという特徴があります。

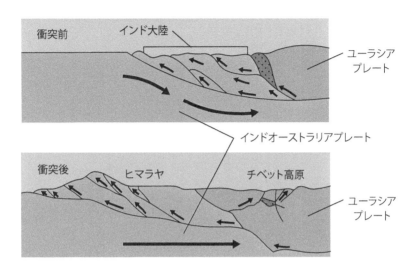

図 2.15 プレートテクトニクスによるヒマラヤ山脈の形成断面図

column テチス海とは

　古生代デボン紀末から新生代古第三紀まで，地中海周辺域から中央アジア，ヒマラヤを経て東南アジアまで，海が広がっていました。この海域がテチス海であり，古地中海とも呼ばれています。

　図2.16のように，中生代のテチス海は，北側のローラシア大陸（現在の北アメリカ，ユーラシア大陸）と南側のゴンドワナ大陸（現在のアフリカ，南アメリカ，オーストラリア，南極大陸，インド）とに挟まれた海域でした。この海には，南北の両側から礫・砂・泥などの砕屑物が供給されていました。

　その後，テチス海は新生代古第三紀に，上の二つの大陸の衝突によって，大部分の海域が消滅し，アルプス・ヒマラヤ造山帯を形成することになりました。ヒマラヤ山脈の形成は，北側のローラシア大陸に対して，南側のゴンドワナ大陸から分離したインドが衝突したものです。先述のように，ほぼ同じ時期に，当時のアフリカ大陸がヨーロッパ大陸に衝突してアルプス山脈が形成されました。この造山運動がアルプス・ヒマラヤ造山運動と呼ばれるものです。

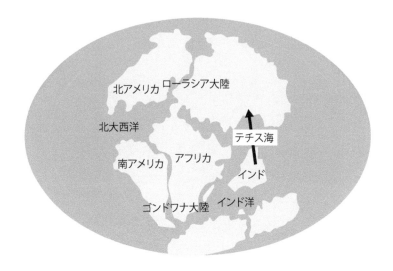

図 2.16 テチス海

　今もインド・オーストラリアプレートはチベット高原の地下で北上を続けており，その動きによって高地はさらに押し上げられています。また，この動きにより，地域は地震の多発地帯ともなっています。**図 2.17** に現在のヒマラヤ周辺の地形図を示します。これを見ると，インド大陸が潜り込み始める場所であるガンジス平原と，その北のチベット高原の地形の違いが明確です。さらには多数の断層ができていて，大陸同士が衝突した圧縮力の大きさを推し量ることができます。

ヒマラヤの地質構造

　山脈を構成する地層は主に堆積岩から成り立っています。つまり，かつて海底に堆積した地層が地殻変動によって隆起し，現在の高さまで上昇したのです。実際，ヒマラヤの高山地帯からアンモナイトや貝など，海に生息していた古生物の化石も発見されています。

　図 2.17 の中で，ヒマラヤ山脈周辺の地形を地質構造も含め，もう少し詳しく見ていきましょう。**図 2.18** はヒマラヤ山脈周辺の地質構造を簡単に示したものです。

　図 2.18 のように，ヒマラヤ山脈の地質は，南から北へ向かってインド大陸

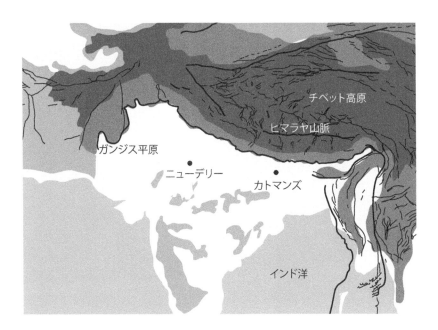

図 2.17 現在のヒマラヤ周辺の地形図

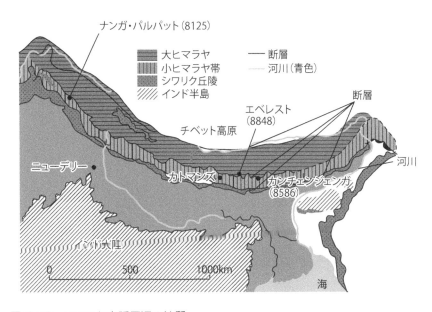

図 2.18 ヒマラヤ山脈周辺の地質

が衝突したため，帯状に区分されます。大ヒマラヤ山脈のエベレスト山頂部では古生代後半の石灰岩，泥岩などから構成されており，北へ緩く傾いています。エベレスト山西側の標高6717mのガンディセ山は，基盤は花こう岩ですが，山頂部は新生代古第三紀始新世の水平な地層となっています。

　大ヒマラヤ山脈の南部は，ヒマラヤの基盤をつくる先カンブリア時代の片麻岩からできています。これらの地質体は，南側にある小ヒマラヤ帯をつくり，その後の先カンブリア時代〜古生代の変成岩の上に，北へ傾く衝上断層として乗り上げて，一部では巨大な横臥褶曲構造を生じています。南の小ヒマラヤ帯の変成した堆積岩は，南麓のシワリク丘陵をつくる地層上へ，同じように北へ傾く衝上断層で乗り上げています。アルプス山脈のところで説明したナップ構造と同じメカニズムと考えてかまいません。

　上のことをまとめますと，ヒマラヤの地質構造の特徴の一つは，大陸同士の衝突により南北方向に強い圧力を受けて，北側のより古い時代の岩体が，衝上断層で次々と南側に積み重なっていることといえます。その運動は主に新生代第三紀に行われ（これがアルプス・ヒマラヤ造山運動です），現在に及んでいます。

　他にもヒマラヤの特色として，アルプスと同様，山脈には非常に多くの氷河が存在し，面積は極地を除く地球上では最大であるといえます。また，図2.19のように氷河による侵食がうかがえる場所も多く見られます。

図2.19　ヒマラヤの氷河の跡（久保ありさ教諭撮影）

日本でも見られるプレートテクトニクスによる山地の隆起

かつては南に位置したインド大陸がユーラシア大陸に衝突し，少しずつ隆起して現在のような高さになったこと，大陸のプレートが大陸のプレートに潜り込む運動は現在も続いていることなどを紹介しました。日本でも，大陸同士の衝突の影響によってつくられた山地があります。2018年，「世界ジオパーク」に認定された静岡県の伊豆半島です。火山活動を繰り返しながら北上した海底火山が本州に衝突したことで現在の半島となったのです。

図2.20に示したように，新生代新第三紀（約2000万年前），丹沢山地や伊豆は本州から数100km南の緯度に位置していました。当時の丹沢や伊豆は海底火山群であり，これをのせたフィリピン海プレートが北に移動し，約500万年前に丹沢部分が，約100万年ほど前に伊豆の部分が本州に衝突して，本州が乗っているユーラシアプレートの下に沈み込みました。フィリピン海プレート上の陸地はプレートには沈み込まず，間の海を埋め，約60万年前，現在のような半島として陸地に付加しました。その後，半島となってから約20万年前までは，陸上でも噴火が発生し，伊豆半島の天城山などの火山ができました。

プレート同士の動きは現在も継続中であり，フィリピン海プレートは伊豆半島を本州に押し込み続け，新たな景観をつくっています。

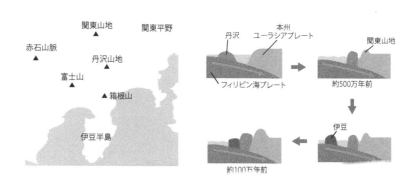

図2.20 伊豆半島の北上と現在の周辺の山々

褶曲と断層による地形

　これまで，アルプスやヒマラヤをつくった横臥褶曲について説明してきました。ここで，造山運動のプロセスで形成される褶曲そのものについて考えてみましょう。地層や岩体が力を受けて変形し，湾曲した構造を褶曲といい，褶曲をつくる変形作用を褶曲作用と呼びます。硬い岩盤も両側から強い力を受けると断層が生じることはよく知られています。しかし，地表面でなく，地下深部で岩石が圧力を受けると，地層も曲がりくねった状況となります。

　図2.21，22はカナダでの古生代の堆積岩の褶曲を示したものです。周囲の山々にも堆積した地層の褶曲の状況がうかがえます。

　堆積岩だけでなく，火成岩体も地下深部で圧力を受け，褶曲することもありますが，火成岩体の場合，層が明確でなく不明なことが多々あります。

　一般に，褶曲は造山運動などに伴って地層が堆積後，かなりの時間が経過してから形成されますが，中には堆積時や堆積直後の海底地すべりなどによって比較的短時間に形成されたものが残った場合もあります。

　また，褶曲のように見えても，原地形の上に火山灰などが重なった場合は褶曲ではありません。伊豆大島には，「地層断面」と呼ばれ，バス停の名前にもなっている大きな崖がありますが，これは火山灰等の火山噴出物が重なったできたものです。

図2.21　褶曲が観察されるカナダの露頭

図 2.22 褶曲がうかがえるカナディアンロッキーの山々

`column` 地表面の断層と地下の断層

　地下で断層が動き，岩石が破砕されて地震が生じたとしても，それを地表で観察できるような機会はあまりありません。確かに濃尾地震時に生じた根尾谷断層は，現在でもその規模がうかがえますが，稀な例といえます。

　1995 年 1 月に発生した兵庫県南部地震では，淡路島北淡町で野島断層が地表面に現れました。この新たに生じた断層も放置しておくと，風化や侵食によって，断層も平坦化されてしまいます。そこで，兵庫県は保存館として，この地表面に生じた断層を保全することにしました。さらに断面を掘削して断層の食い違いを観察することが可能なようにしています。**図 2.23**，**図 2.24** はそれらを示したものです。

図 2.23 野島断層の保存

図 2.24 野島断層の横断面

地殻変動と巨大湖の形成

　日本にも美しく，また興味深い湖が各地域に存在します。特に日本最大の面積を持つ琵琶湖は約 400 万年前に形成され，国内では最も古い湖です。世界では，最も古い湖は約 3000 万年前に海から孤立したロシアのバイカル湖です。タンザニアとコンゴ共和国との境界に位置する約 2000 万年前に形成されたタンガニーカ湖は，バイカル湖に次いで，2 番目に古い古代湖とされています。同時に，バイカル湖は世界で最も深い湖であり，次に深い湖はタンガニーカ湖

図 2.25 バイカル湖とタンガニーカ湖の位置

です（**図 2.25**）。

　前章で紹介しましたように，タンガニーカ湖は，アフリカの大地溝帯と関連して形成されました。大地溝帯は主にアフリカ大陸を南北に縦断する巨大な谷で，プレート境界となっています。両側から引っ張りの力が働いて正断層で地面が割れ，南北に細長い巨大な地溝帯ができました。

　タンガニーカ湖，バイカル湖と琵琶湖には，でき方に共通性があります。それは，多数の断層の影響を受けて形成されたという点です。そのため，これらの湖は断層湖と呼ばれます。つまり，地層が上下にずれたり，横にずれたりして，窪地ができて，そこに水が溜まってできた湖ということです。図 2.26 は横ずれ断層によって，断層湖ができる様子を模式的に示したものです。

　なお，日本で最も深い湖は琵琶湖でなく，秋田県の田沢湖です。日本のバイカル湖と呼ばれることもありますが，田沢湖は断層湖でなく，カルデラ湖です。

　また，琵琶湖のような日本の淡水湖では，魚の色も灰色や茶色などの地味な魚が一般ですが，タンガニーカ湖では色鮮やかな魚が見られます。

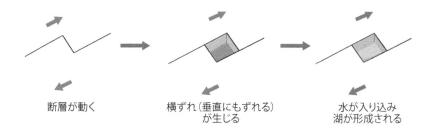

| 断層が動く | 横ずれ（垂直にもずれる）が生じる | 水が入り込み湖が形成される |

図 2.26 横ずれ断層と断層湖の形成

　近年，観光地として，南米・ボリビアに位置するウユニ塩湖（**図 2.27**）が注目を集めています。ウユニ塩湖のある町は，収入源が塩と観光に依存しているといわれるくらいこの湖の存在は大きくなっています。

　ウユニ塩湖（塩原と呼ばれることもあります）の多量の塩は，アンデス山脈が隆起したときに大量の海水が山上に取り残されたものです。この地域は乾燥しており，しかも平坦な地域で水が流出する川がなかったため，塩湖という絶景が形成されました。

　特に雨季に雨が溜まるとその水が広がり，「天空の鏡」とまで称えられる巨大な鏡のような景観が姿を現します。また，乾季では，乾燥した塩が柱状節理と同じ原理で五角形や六角形の模様を示し，これも絶景として紹介されています。

図 2.27　ウユニ塩湖（乾季で乾いた塩が多角形の模様を示している）

column 湖と古城

　大きな湖は，産業や交通など，重要な役割を果たすことが多く，中世には軍事上の拠点がつくられることもありました。琵琶湖周辺には戦国時代に，安土城はじめ，長浜城，坂本城，大津城などが築かれ，さらには江戸時代に入るとすぐに彦根城（現在は国宝です）が築かれました。

　ヨーロッパにも湖のほとりに古城があります。**図 2.28** はその代表的なもので，スイス・レマン湖に現存するシオン城です。

図 2.28　レマン湖のほとりにそびえるシオン城

2.3　侵食作用による景観

　アルプスやヒマラヤを構成する堆積岩は，礫，砂，泥等が海や湖などの水底に堆積したものがもとになっています。堆積した砂泥が，その後，続成作用によって岩石となり，プレートの動きに伴う地殻変動によって，水面上に現れるどころか，高い山地を形成することになります。穏やかな山岳の地形からも地球内部のエネルギーの凄さがうかがえます。

　しかし，それだけで不思議な景観を持つ絶景ができるわけではありません。地表に現れると，今度は風化作用や侵食作用によって地表の岩体や岩石が削られていきます。その結果，また新しい絶景が形成されます。

風化作用とは，雨水や流水の働き，温度変化などの物理的や化学的な要因によって（稀に生物的な働きもあります），地表面の岩石が割れたり削られたりする働きのことです。侵食作用とは特に河川や海水などの物理的な力の働きによって岩石や地表が削られることを指します。

　このような作用のもとに形成された景観を見ていきましょう。

オーストラリア・ブルーマウンテン国立公園

　図 2.29 はオーストラリアのブルーマウンテン国立公園の景観の一つです。ブルーマウンテン国立公園は，オーストラリア・ニューサウスウェールズ州に位置し，世界遺産（自然遺産）にも登録されています。森林の光の輝き，特にユーカリの木から揮発されるオイルに太陽光が反射し，青く霞んで見えることからこのように呼ばれています。ただ，マウンテンとは名付けられていますが，地形的には高原といってよいでしょう。

　この国立公園は，シドニーの西 81 km，グレートディヴァイディング山脈のブルーマウンテンズ地域にあり，シドニーから比較的近いため，海外からの観光客も多数訪れます。公園面積は約 27 万 ha と広大です（東京都が約 22 万 ha）。

　図 2.30 はこの国立公園の中でも代表的な自然景観です。中央の並んだ 3 つの岩は「スリーシスターズ」と呼ばれています。その名前の由来は，3 人の姉

図 2.29　ブルーマウンテン国立公園

図 2.30 ブルーマウンテン国立公園のスリーシスターズ

図 2.31 スリーシスターズの岩石の堆積構造

妹が魔法をかけられ，3つの岩になったというアボリジニの伝説からきています。地質は古生代の砂岩・礫岩などの堆積岩からなり，近くまで行って観察することができます（**図 2.31**）。

　ブルーマウンテン国立公園の地質は構造的にグレーター・シドニー盆地の一部です。シドニー盆地は過去3億年でできた堆積岩の層からなっています（**図 2.32**）。ブルーマウンテン国立公園もその後，同盆地の西側を強く押し上げた地殻変動および侵食作用によって形成されました。なお，ブルーマウンテン国立公園はジェノランケーブ（p.55）と比較的近い場所にあります。

図2.32 シドニー盆地をつくる堆積岩

column　シドニー湾

　シドニー湾は世界3大港の一つです。世界遺産に登録されているオペラハウスはクルーズ船から眺めると格別です。シドニー湾は，太平洋に面するポートジャクソン湾の入り江の一つで，リアス式海岸を形成する溺れ谷です（溺れ谷とは，陸上の谷が沈降運動や海面上昇で海に沈んでできた地形）。地図で見ると複雑な海岸線がわかります（**図2.33**）。

図2.33 オペラハウス（左），シドニー湾の地形（右）

トルコ・カッパドキアの地形・地質

　トルコのカッパドキアの奇岩と呼ばれる地形も観光客に人気があります（**図2.34**）。ここでは，洞窟のホテルに泊まることができます。ギョレメ国立公園およびカッパドキアの岩石遺跡群は世界遺産（複合遺産）に登録されています。

　このような地形はどのようにしてできたのでしょうか。まず，地域を構成する岩体は主に火山岩や凝灰岩からなります。この地域には，新第三紀から第四紀の火山岩が広がっています。特に成層火山のエルジエス山とハサン山の噴火活動による火山灰および火山噴出物による影響は大きく，他にもカナプナル，ギョルダーなどは，現在も活火山となっています。

　堆積岩と同様に，火山性堆積物にも侵食されやすいところと，侵食されにくく残りやすいところがあります。前者は凝灰岩を主体とする岩石，後者は安山岩や凝灰角礫岩を主体とする岩石からなる場合が多いといえます。

図2.34　カッパドキアの奇岩

カナダ・ドラムヘラーの景観

　図2.35はカナダ・アルバータ州のドラムヘラーにあるバッドランド渓谷と呼ばれる地域です。地元では，フードーズ（土柱）が注目され，奇観として人気があります。侵食を受けにくい礫岩質の堆積岩と侵食されやすい泥岩・砂岩質の堆積岩との差によってこのような形になったと考えられます。最終的に上の固いキャップが落ち，図2.34のカッパドキアのような奇観をつくることもあります。

　この地域の堆積岩が形成されたのは，中生代白亜紀の恐竜の時代です。19世紀以降，ドラムヘラーの地層から多くの恐竜の化石が産出され，近辺には世界的に有名なロイヤルティレル古生物博物館があります。

図 2.35　カナダのバッドランド渓谷（左），フードーズ（右）

台湾の野柳海岸

　同じような性質で，不思議な景観をつくっているのが，台湾の地質公園（日本のジオパークに相当）にもなっている野柳海岸の岩石です（図2.36）。こ

図 2.36 台湾・野柳海岸

図 2.37 台湾・野柳海岸のクィーンズヘッド

こは風景特定区となっており，風化・侵食作用による堆積岩の景観を見ることができます。

　様々な形態の侵食状況が興味深い奇岩をつくっていますが，特にクィーンズヘッドと呼ばれる岩石が有名です（図 2.37）。これらは，上のドラムヘラーと違って時代は新生代ですが，礫岩を含んだ硬い地層は侵食されにくく，泥岩等を主体とした岩石は削られやすいのは同じです。

1枚岩の堆積岩，エアーズロック

　オーストラリアには 2019 年 10 月限りで登れなくなるということで評判になった大きな岩体があります（**図 2.38**）。この岩はエアーズロック（先住民であるアボリジニからはウルル）と呼ばれ，先カンブリア時代（約 6 億万年前）に形成された砂岩を中心とした堆積岩で，鉄分を含んでいるため，全体的には赤っぽくなっています。現在見られるようなドーム状の形は，中生代の終わりに侵食によって表出したためと考えられています。

　エアーズロックのでき方を簡単に**図 2.39** に示します。6 億年前に 8000 m 級の高い山があり，それが侵食され，地層となり，より下の地層は続成作用によって砂岩となりました。その後地殻変動が生じ，図のように褶曲した砂岩が地表に表出しました。世界最大の 1 枚岩とも紹介されることがありますが，実際はオーストラリア大陸に同じ岩体が連続した，より大きな 1 枚岩が存在します。エアーズロックから西に約 32 km 離れたところにあるオルガ岩群です（地元ではカタジュタと呼ばれています）。

　なお，エアーズロックは現地の住民アボリジニにとって神聖な地域のため，従来から登山に抵抗感が持たれていたことも登山禁止の理由です。

図 2.38　エアーズロック

オーストラリア
●
エアーズロック

アボリジニ

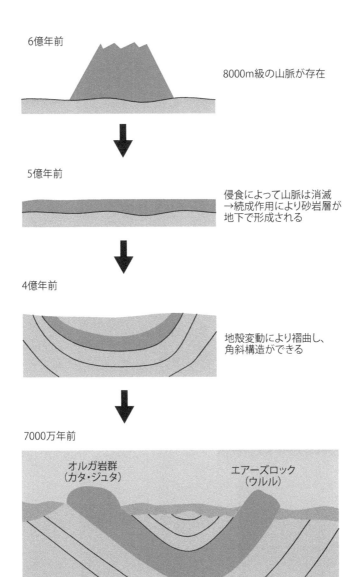

図 2.39 エアーズロックのでき方

2.4 河川の景観

　河川は世界各地の自然景観や歴史景観をつくる要素の一つといってよいでしょう。実際に世界のどのような都市でも著名な河川が存在します。標高や長さから見た日本の河川と世界の河川の違いを示したものが**図 2.40** です。

　この図からも日本の河川は短く急流であることがわかります。しかし，日本での長い河川は，下流において沖積平野を緩やかに流れ，ここに人口が集中するイメージが強いかもしれません。特に日本やアジアでは，その傾向があるように見えます。これは稲作農業の発展とも関係しています。

　しかし，ヨーロッパやアメリカでは，必ずしもそうではありません。古い時代の堆積岩や火山岩質の地盤を川が通ることもあります。ここでは，観光地や訪問地としても有名なコロラド川，コロンビア川（アメリカ）やライン川（ドイツ）などを例にして考えてみましょう。

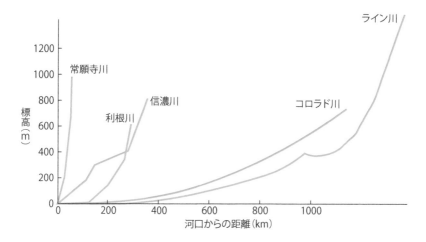

図 2.40　日本と世界の河川

アメリカの河川

　アメリカには太平洋に注ぐ長大な川が多く存在します。特にコロラド川は，

長さが 2330 km（日本の本州の 1.6 倍）にも及び，グランドキャニオンの渓谷に関わった河川としても有名です（**図 2.41**）。グランドキャニオンについては次章でも説明します。

図 2.42 はポートランド州を流れるコロンビア川で，その長さは 2000 km を超えます。この川は，新生代第三紀中新世（約 1600 万年前）に噴出してできた玄武岩質のコロンビア溶岩台地を，太平洋側に向かって西に流れています。この広大なコロンビア溶岩台地は，洪水玄武岩と呼ばれることがあります。洪水玄武岩とは，大陸地域で膨大な量の玄武岩質溶岩が噴出することによって形

図 2.41 コロラド川がつくった渓谷

図 2.42 溶岩台地を流れるコロンビア川

成された玄武岩の巨大な岩体のことです。古生代以後も何度か出現しています。このコロンビア溶岩台地やインドのデカン高原の溶岩台地も大規模なものですが，世界にはもっと広大な玄武岩溶岩台地が存在します。

　例えば，ウラル山脈の東に広がるシベリアトラップと呼ばれる洪水玄武岩台地が世界最大規模といわれています。これは，古生代ペルム紀（約2億5000万年前）に形成され，古生代の生物の大量絶滅につながったと考えられています。また，南西太平洋にはオントンジャワ海台という200万 km^2（日本の5倍）の面積を持つ洪水玄武岩の海台があります。この海台の厚さは30 km といわれていて，中生代白亜紀（約1億2千万年前）に形成されました。火山岩の中で最も粘性度が低い玄武岩の性質がこのような大規模な台地を作り出しています。

　コロンビア川はカスケード山脈を横断し，雄大なコロンビア渓谷をつくっており，多くの河川や滝から多量の水が周辺の峡谷を通って供給されています。図2.43 のマルトノーマー滝は，ほぼ垂直に約190 m の高さから2段になって，コロンビア川に水を注ぎ込んでいます。壮大な景観を呈するこの崖を構成する岩体も玄武岩です。

図 2.43　コロンビア川に注ぐマルトノーマー滝

ヨーロッパの河川

　アルプス山脈は，7つの国に跨っていることを先述しましたが，アルプス山脈が水源となり，多くの河川が黒海，北海，地中海，アドリア海へと注いでいきます。それらの河川，ドナウ川・ライン川（どちらもドイツ），スイスから南フランスに流れるローヌ川，イタリア最大の河川・ポー川はいずれも大きな河川であるだけでなく，歴史的にも文化的にも著名な河川です。

ドイツの「父なる川」ライン川

　ヨーロッパの代表といってもよい川が図2.44に示したライン川です。ドイツでは，「母なる川」と呼ばれるドナウ川に対して，「父なる川」と呼ばれるのが，このライン川です。ヨーロッパでは，代表的な河川に関する名曲も多く，ヨハンシュトラウスの円舞曲「美しき青きドナウ」，シューマンの交響曲第3

図2.44　ライン川と周辺の都市

番「ライン」が浮かんでくるでしょう。

　船でのライン川下りは，ドイツの古城の佇まいを河川から見学したり，後述の「ローレライ」では歌が流れるなど，魅力的な工夫がされています。ライン川がほぼ中央を流れる盆地は，地形的にはライン地溝と呼ばれ，南はバーゼルから北はドイツのフランクフルト付近まで長さ 280 km に及びます。ライン地溝とは，アルプス造山運動に伴う地殻変動によって東西に開いた地殻の窪みともいるでしょう。それが，現在の盆地をつくっています。

　ただ，日本の河川と大きく異なり，傾斜は緩やかで，盆地の南北両端の標高差は 15 m ほどしかありません。図 2.40 で示した日本の河川と比べて，ライン川の水は，のどかな田園や森林が広がる中をゆっくりと静かに流れることが予想できます。

　図 2.45 は，アスマンズハウゼンの街付近とライン川を下る観光船です。この図からも川下りのイメージが日本と全く違うことも理解できます。背後の丘陵には，赤ワインの原産地であるブドウ畑が広がります。

　図 2.44 で示したようにライン地溝の北端に達したライン川は，北西に向き

図 2.45　ライン川を下る観光船

を変えて最大標高 600 ～ 700 m ほどの高原地域に流れていきます。この高原はドイツのかつての首都ボン付近まで 300 km 近く続いていて，ライン川はその上流側 130 km ほどにわたって切り立った峡谷（ライン峡谷）をつくっています。ここには古城が多く分布し，魔女伝説で有名な「ローレライの岩」（コラム参照）もあります。実際のローレライ岩には下のほうに「LORELEY」と書かれた小さな看板がついているだけでうっかり見過ごしてしまうかもしれません。（図 2.46）。

　この岩石は古生代デボン紀の堆積岩（砂岩・礫岩層）から形成されています。しかし，その後の褶曲運動によって，地層が傾いているのが，図 2.46（左）からでも読み取れます。

　この流域はユネスコの世界遺産にもなっています。ここを過ぎて，北に約 25 km 進むと，ライン河畔のコーブレンツからボンにかけて，その東西はライン結晶片岩帯と呼ばれる変成岩が発達する比較的起伏に富む地域となります。これまでの地質状況とは一転して，ライン地溝帯に沿う多数の火山丘や溶岩台地・マール等の火山地形で有名な場所になります。

図 2.46 ローレライの岩（左。下方に LORELEY の文字が見える），ローレライ像（右）

　ローレライはライン川の途中にある水面から 130 m ほど突き出た岩山です。この岩は「ローレライ伝説」の舞台として有名です。ライン川を航行し，ローレライの近くを通りかかると岩の上から美しい少女の歌声が聴こえ，舵を取るのも忘れて船が水没してしまうという伝説です。詩人ハイネはこの伝説から詩をつくり，作曲家ジルヒャーが曲をつけて歌い継がれています。実際は，この場所はライン川でも狭く，流れが速い上に，水面下の岩によって航行中の船が事故を起こしやすかったため，そのような伝説が生まれたともいわれています。

　ライン川の支流として，ドイツ中南部の流域を流れる全長 367 km のネッカー川も有名です。シュトットガルトやハイデルベルクなどが河川流域の主な都市で，この河川の恩恵を受けています。図 2.47 はハイデルベルク市街からネッカー川を臨んだものです。

図 2.47　ハイデルベルク市街からのネッカー川

フィヨルドに注ぎ込む北欧の河川

　フィヨルドについては次章で説明しますが，北欧，特にノルウェーには多くのフィヨルドがあり，そこを流れる川を中心に栄えた都市があります（フィヨルドとはノルウェー語で入り江の意味）。**図2.48**（上）はノルウェーの第3の都市，トロンハイムです。**図2.48**（下）は，トロンハイムフィヨルド，そこに流れるニトロベ川，そして市街の位置関係を示したものです。

　トロンハイムの地盤は古生代以前の古い地質であり，地震はあまり起こりません。また，ニトロベ川（**図2.49**）は，北極海の外洋に直接注がず，トロンハイムフィヨルドを経て流れています。そのため，強い波浪も遡上してこないことが，**図2.49**のような景観をつくっているといえるでしょう。

図2.48　トロンハイム中央駅（左），旧市街橋（右）

図 2.49 ニトロベ川周辺の佇まい

column ノルウェー最初の首都・トロンハイム

　トロンハイムはノルウェー中部に位置し，現在では，ノルウェー第3の都市です。かつては，ノルウェー王国最初の首都（現在はオスロ）でもあり，ニーダロス大聖堂（**図 2.50**）は北欧最大の教会といってよいでしょう。

　また，トロンハイム市街を移動するのに便利な，世界で最も北に位置する路面電車も走っています（**図 2.50**）。

図 2.50 ニーダロス大聖堂（左），世界最北の路面電車（右）

水にまつわる景観

　絶景とは，人がほとんど住まないような大自然の中に存在すると考える人も多いでしょう。しかし，厳しい自然環境の中でも人間は活動の場を求めて進出していきました。ここでは，観光地となっている都市部（とくに水害が起きやすい河川流域につくられた都市）を例に，その景観を見ていきましょう。

　日本列島において，弥生時代は沖積平野が発達し，中国大陸から稲作農業が伝わったこともあり，そこに生産や生活の基盤が移ってきました。言い換えれば，わざわざ水害を起こしやすい地域に住み始めたといえるでしょう。実際，弥生時代に河川堆積物に埋もれた住居も多く発掘されています。

　しかし，あえて河川の堆積物の上や水害が起こりやすい場所に集落や都市が築かれた歴史は，日本だけでなく，ヨーロッパにも見られます。

古代遺跡と観光地

　古代ローマ時代の遺跡であり観光地として有名なフォロ・ロマーノはその例です（図 2.51）。ここは古代ローマ，帝政期にかけて建設された神殿やバジリカ（公会堂）など公共建築に囲まれた政治経済の中心地でした。

　この地域はもともと低地で周囲の丘から河川が流れ込み，特にテヴェレ川の洪水で水没する湿地地帯でした。紀元前 6 世紀頃に湿地地帯から水を抜くた

図 2.51　フォロ・ロマーノ（左），発掘中のフォロ・ロマーノ（右）

めに下水溝を敷き排水機構を整備しました。あえて土地条件の悪い低湿地に公共施設を築いたのは、周囲のそれぞれの丘にあった村落が連合を形成する中で、会合等の場として中立な位置が選ばれたと考えられています。フォロ・ロマーノは、この中心に位置する場所に神殿や戦勝祈念碑が建設されて整備され、発展していきます。しかし、西ローマ帝国滅亡後は廃墟となり、かつての自然条件の下、土砂に埋もれてしまいました。

このフォロ・ロマーノの発掘が始まったのは19世紀からですが、現在も続けられています。

水害と隣り合わせ・水の都ベネチア

ゴンドラで有名な世界遺産のベネチア（**図2.52**）など、河川に恵まれた都市が世界各地に存在します。

豊富な水量は水の都と呼ばれるにふさわしい景観をつくっていますが、一方で、近年、水害に襲われることも多くなっています。特に2018年10月にはベネチア市街の4分の3が浸水被害に遭いました。日常でも長靴の必要といわれる場所もあります。

豪雨による河川氾濫、高潮被害はベネチアだけでなく、世界各地の都市でも増加しています。

図2.52 水の都・ベネチア

オランダの干拓地

　日本でも中世以降，農地などの生産基盤の拡大のために近代に至るまで多く
の干拓地が形成されてきました。江戸時代の大阪河内平野における新開池，深
野池の干拓，戦後の秋田県八郎潟の干拓は有名です。近年でも，東京湾，大阪
湾など，大都市の港湾が埋め立てられ，新たな景観，観光地が開発されつつあ
ります。

　オランダの景観といえば，風車が浮かぶでしょう（図 2.53）。現在では風
車はほとんど見られなくなり，アムステルダムやロッテルダムの郊外などで観
光用に保存されているだけです。

　風車は干拓地の造成に深く関わっています。というのも，風車は堤防の内側
の海水を汲み出すために用いられていたからです。世界各地で干拓が行われま
したが，最も大規模な干拓事業はオランダで展開されました。オランダの干拓
地はポルダーと呼ばれています。

　オランダは現在でも国土の約 30% は海面より低く，その 20% 以上は 13 世
紀以降の干拓事業によるものです。ちなみに，「世界は神が造りたもうたが，
オランダはオランダ人が造った」と言われることがあります。

　もともとオランダは，最終氷期の更新世終わりに北海に向かって氷河や川に
運ばれた土砂が堆積してできた地形です。しかし，その後，海の侵食作用によっ
て土地を失う危険性が高くなったため，近代に至るまで大規模な干拓事業に取

図 2.53　風車のあるオランダの景観

り組んできました。例えば，アムステルダムの北には北海から入り込んだゾイ
デル海という大きな入り江があり，この首の部分を堤防で遮断し，内陸湖アイ
セル湖としました。当初は海水湖でしたが，現在では淡水湖になっています。
オランダの干拓範囲を図 2.54 で示します。

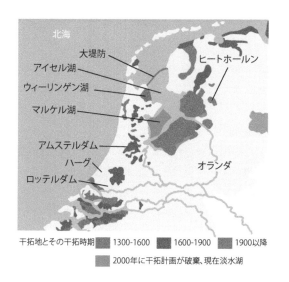

図 2.54 オランダの干拓地の範囲

column シンガポールの近代的な治水

近代都市の最大の課題は治水といってよいでしょう。沖積平野や海に近い地域
は，豪雨や高潮による浸水被害が甚大となります。大阪や東京などの都市近郊では，
遊水池に限界があるため，地下放水路などが建設されています。

シンガポール（**図 2.55**）も豪雨や高潮などの危険性が高い都市です。実際，
これまでも大きな被害を受けてきました。そのため現在では，人工放水路や人工
河川など，国際的にも進んだ取り組みが見られます。私たち観光客はマーライオ
ンに目が行きがちですが，水の景観を楽しみながらも水害への隠れた対策を探し
てみるのもよいでしょう。

図 2.55 シンガポールクルーズからの景観

2.6　砂漠

日本最大の砂漠？「鳥取砂丘」

　砂漠には様々な定義がありますが，一言で述べると「雨量が極端に少ないため植物がほとんど育たず，岩石や砂礫からなる地域」であり，年降雨量200 mm（250 mm の場合もあります）以下の乾燥地帯と定義されます。そのため，年降雨量の数値から考えると，日本には砂漠は存在しません。確かに，国土地理院発行の地図には「砂漠」の文字が存在し，伊豆大島の三原山山麓には「裏砂漠」，「奥山砂漠」などがあります。これは溶岩の影響で植生が少ないだけで，厳密には砂漠ではありません。

　日本で砂漠に近い風景といえば，砂丘や砂堆が挙げられます。特に日本海沿の海岸部には多くの砂丘が見られます。その代表的なものが鳥取砂丘です。駱

図 2.56 鳥取砂丘（左），ゴビ砂漠（右）

駝に乗った遊覧が取り入れられるなど，鳥取砂丘（**図 2.56**）は砂漠を彷彿させるには十分な風景です。しかし，実際にはこの地域は国内の温帯湿潤気候に属しており，降水量は豊富です。植生が乏しかったり，植物の生育に適さなかったりするように見えるのは，水不足というより，他の原因，例えば風によって，砂が移動しやすいことなどが挙げられます。

　なお，日本で最大面積の砂丘は青森県の猿ヶ森砂丘です。幅は約 1～2 km，総延長は約 17 km，総面積は約 1500 ha であり，鳥取砂丘より遥かに広大です。しかし，ほぼ全域が防衛装備庁の下北試験場（弾道試験場）となっていて，見学することはできません。

　鳥取砂丘をはじめとして，日本海沿岸の砂丘や砂堆の形成には，シベリアなど，アジア大陸からの北西の強い風とそれに伴う沿岸流の影響が大きいといえます。もちろん，砂の起源となるのは岩石です。山体をつくるような岩石が，侵食作用や風化作用の結果，細かな砂になり，河川による運搬・堆積作用によって砂丘となります。前章で述べた花こう岩起源の岩石の構成成分である黒雲母や長石は水によって溶けてしまいますが，石英だけは残って砂になります。

巨大な砂漠地帯の成立

　では，一般的に世界で見られる砂漠とはどのようなものでしょうか。まず，世界の代表的な砂漠の分布から見ていきましょう。**図 2.57** に世界の主な砂漠の位置を示します。

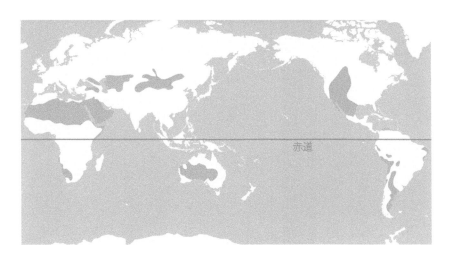

赤道

図 2.57 世界の代表的な砂漠の分布（茶色の範囲が砂漠）

　これを見て，砂漠の立地する共通の特色がわかります。まず，特定の緯度，つまり亜熱帯から温帯に広大な砂漠が集中しています。なぜ，この緯度に砂漠が多いのかを気候区分や気象条件から考えてみましょう。

　図 2.58 は地球上の主な気候区分，**図 2.59** は地球上の主な風の分布を示しています。これらの図から乾燥しやすくなる地域が推測されます。つまり，中緯度高圧帯（亜熱帯高圧帯と呼ばれることもあります）においては下降気流の発生が多くなり，大地は乾きやすくなります。降水量と蒸発量を比べた**図 2.60** を見ると，中緯度高圧帯では，蒸発量のほうが降水量よりも大きくなっています。

　一方，ゴビ砂漠のように，中緯度高圧帯に位置しなくても湿った空気が山にさえぎられて砂漠が広がる場合もあります。海洋から遠く離れているなど，乾燥しやすい条件が重なっていることもあります。

　砂漠地域は水が少ないために，人間を含め生物の生息には適さない地域となります。実際，現在の世界で人口の多い場所は，温帯地域に集中し，適度な降雨量を保持しています。

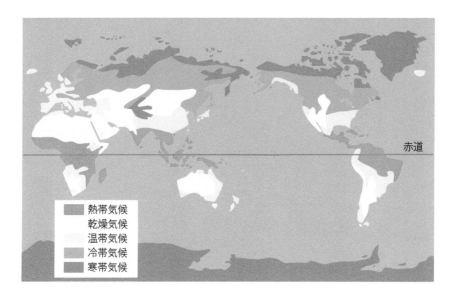

図 2.58 地球上の主な気候区分

凡例:
- 熱帯気候
- 乾燥気候
- 温帯気候
- 冷帯気候
- 寒帯気候

赤道

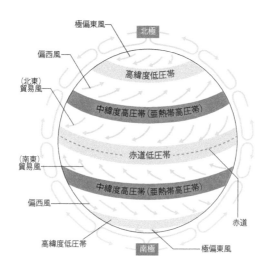

図 2.59 地球上の風の分布

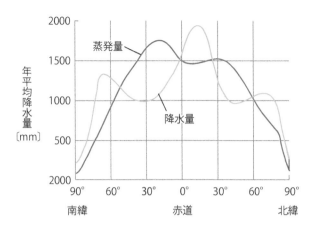

図 2.60 降水量と蒸発量

砂漠で発見された恐竜化石

　一般的に，地層は海底などの水の中で形成されます。つまり，堆積作用によって，礫，砂，泥などが水底に積み重なり，長い年月の間に続成作用と呼ばれる働きによって地層は形成されます。しかし，水中以外の陸上でも地層が形成されることがあります。その一つの場所が砂漠です。

　また，古生物が化石として堆積岩の中から見つかることもありますが，生物の遺骸が別の場所から流され，水中で砂泥とともに埋められた場合が普通です。しかし，モンゴルのゴビ砂漠では2頭の格闘中の恐竜がそのままの姿で，化石となって見つかった例があります。発見された草食恐竜プロトセラトプスと肉食恐竜ベロシラプトル（ジュラシックパークでもこの名が用いられています）は両方とも力尽きたのか，砂嵐に巻き込まれたのか，いずれにしても格闘した状況で化石になっています。

　2匹の化石は，かつてウランバートル市の国立自然史博物館に展示されていましたが，2000年以降はニューヨークのアメリカ自然史博物館で展示されています。

砂漠と文明

ところで，人類の最初の文明といえる古代の4大文明はどの地域に発達したのでしょうか。図2.61に世界の代表的な4大文明の位置を示します。それぞれが大河の流域に発達したことはよく知られています。

図2.61を見ると，現在の砂漠地域と古代文明が栄えた地域とが重なっているところがあります。河川の存在する砂漠地域に文明が発達したのでしょうか。そうではなく，当時と今とで自然環境が大きく変化してしまったのです。実際，砂漠地帯がかつては森林や肥沃な地域であったことが考古学の研究からもわかっています。

砂漠化した原因は，その地域の自然環境の変化だけではありません。むしろ，人間活動によって進んだ可能性もあります。例えば，メソポタミア地域は，その典型的な例といわれています。かつてメソポタミアは森林に恵まれ，肥沃な土壌でしたが，灌漑は土壌にダメージを与えました。また，過度の森林の伐採によって，上流に降った雨や土砂が一気に河川に流れ込み，洪水が発生したり，下流の土壌を侵食したりするようになりました。メソポタミアは農業が始まった最初の文明と考えられ，皮肉にも，農業の始まりが人間の環境破壊の始まりとさえいわれます。

農耕の活性化による土地の荒廃は他の地域でも生じたと推測されています。インダス文明も大規模に森林を伐採したと考えられています。土壌の維持を考えず，大規模な農地開発を行ったため砂漠化につながったことは，人類の文明

図2.61 4大文明の位置

の歴史の共通項といえます。

　なお，4大文明のエジプトやメソポタミアだけでなく，現在は砂漠である地域に遺跡が埋もれている例は珍しくありません。ヨルダンに存在するペトラ遺跡はその例です。死海とアカバ湾の間にある渓谷にあり，1985年にユネスコの世界遺産（文化遺産）へ登録されました。現在も発掘調査が続いていますが，まだその80％以上が地中に埋まっていると考えられています。

column　ロゼッタストーン

　大英博物館の代表的な展示物の一つに，ロゼッタストーンと呼ばれる石碑があります（**図2.62**）。これは，紀元前196年にプトレマイオス5世によってメンフィスで出された勅令が刻まれたものとされています。エジプトのロゼッタで1799年に発見されました。

　なお，石材はナイル川西岸のティンガル山から切り出された花こう岩，もしくは花こう閃緑岩とされています。

図2.62　ロゼッタストーン（大英博物館）

第 3 章

日本では見られない景観

グランドキャニオン

これまでは，世界の景観も，形成のメカニズムそのものは日本列島で見られる景色と大きく変わらないことを紹介してきました。しかし，一見，日本とは類似していても根本的に異なる景観，つまり，日本列島では見ることができない自然景観があるのも事実です。その理由には，日本には存在しなかった時代（もしくは残っていない地史）の地質や岩石があること，日本列島の地球上での位置（緯度など）による自然環境の相違などが挙げられます。

3.1 先カンブリア時代の地形と地質

日本列島に存在しない先カンブリア時代の地史

アルプスやヒマラヤをはじめ，世界各地の基盤をなす先カンブリア時代の地質や岩石について触れてきました。しかし，日本列島には，先カンブリア時代と呼ばれる約5億4千万年前以前の地質そのものは存在しません（古生代の地層や岩石の中に，先カンブリア時代の岩石の一部が礫として残っている場合はあります）。

現在の日本列島は新生代新第三紀（2千数百万年前）以降に形づくられました。というよりも，その時期に日本海ができ始め，アジア大陸から分離してできたと述べるのが正しい表現かもしれません。それ以前は，日本列島は現在の位置には存在せず，アジア大陸の東縁に付随しているだけでした。

日本列島の骨格は，海洋プレートから運ばれてきた付加体と呼ばれる地塊が大陸に押し重なってできたものです。これらは古生代以降に継続して，文字通り大陸に付加してきた岩体です。

そして，まだ日本列島が大陸の一部であった頃，地下深部でマグマの動きが活発になりました。つまり，中生代の終わりから新生代の始めにかけて花こう岩が地下深部で形成されました（これらは，その後，第四紀の地殻変動によって隆起して，現在見られる景観となっています）。今日，西日本で広く分布する花こう岩は，主にこの時にアジア大陸の地下深くでつくられたマグマに起源を持つものです。ただ，四国や九州南部，以前に紹介した屋久島などには，日

本列島形成時の，より新しい時代（約1500万年前）に形成された花こう岩が見られることがあります。後に日本列島の基盤となる，大陸の一部であったときの様子を図3.1に示します。大陸からの分裂時，東日本は海に沈み，激しい火山活動が起きていました。図3.2は新生代新第三紀の日本列島の誕生時を模式的に示したものです。

日本に近い地域の先カンブリア時代の地質を見ていきましょう。図3.3で示したのは韓国における古生代の地質とその前の時代の先カンブリア時代の不整合の様子です。この地質の境目から先カンブリア時代と古生代に堆積した地層に分けることができます。

図3.1 大陸の一部としての日本列島（新生代の最初の頃）

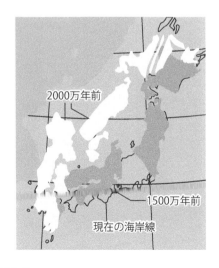

図3.2 日本列島の形成

図 3.3 韓国における先カンブリア時代と古生代の地質の不整合

　日本には先カンブリア時代の地質がないため，その後の古生代との不整合もありませんが，先カンブリア時代の地質が存在し，安定地塊となっている世界の大陸の内部では，これらの時代の不整合は珍しくありません。**図 3.4** はインドに見られる先カンブリア時代と古生代との地層の不整合面です。

図 3.4 インドの露頭に見られる不整合

column **不整合とは**

　一般的に地層は海底などに礫や砂，泥などが連続的に堆積して形成されます。このようにしてできた地層の重なりを整合といいます。しかし，一度隆起して地上に現れると，堆積作用が停止するどころか，逆に風化作用や侵食作用によって地表面は削られます。削られた地層が再び水面下に沈降すると，堆積作用が新たに生じます（**図 3.5**）。一度隆起し，侵食された後に再び堆積するのですから，今度は地層の境界が明確になります。この地層の関係を不整合と呼びます。

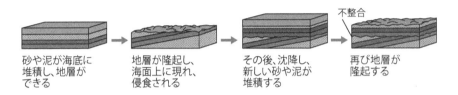

不整合

砂や泥が海底に
堆積し，地層が
できる

地層が隆起し，
海面上に現れ，
侵食される

その後，沈降し，
新しい砂や泥が
堆積する

再び地層が
隆起する

図 3.5　不整合のでき方

アジアの先カンブリア時代の地質と岩石

　韓国やインドだけでなく，現在のアジア大陸には先カンブリア時代の地質が広がっています。世界の先カンブリア時代の地質の分布を**図 3.6** に示します。アジア大陸にも世界でも安定した古い地塊が広く分布していることがわかります。

　アジアで現在も見られる先カンブリア時代の岩体には，堆積岩だけでなく，この時代に貫入した花こう岩もあります。日本では，花こう岩は中生代の終わりから新生代にかけて形成されたものが最も多く見られますが，世界的には先カンブリア時代の花こう岩も広く分布しています。

　その時代に形成された花こう岩が地表に露出しているところもあります。**図3.7** はインドのデカン高原に現れた花こう岩の一部です。デカン高原は，先カンブリア時代の花こう岩（約 25 億年前のものも見られます）や片麻岩，さらには，白亜紀〜古第三紀に流出した世界最大の溶岩台地であるデカン溶岩台地が基盤をつくっているといってよいでしょう。

図 3.6 世界の先カンブリア時代の地質

図 3.7 インドの先カンブリア時代の花こう岩〜片麻岩

デカン高原の中の都市

　インド中央部のデカン高原には古くからの都市があります。その一つにハイデラバードが存在します（インド中南部のテランガーナ州に位置します）。

　図 3.8 に示したゴールゴンダフォートの遺跡は，ハイデラバード西部にそびえる，石の壁に覆われた巨大な要塞です。1518 年にゴールコンダ王国が成立した際，現在の規模に拡張されました。1589 年に王国の都はハイデラバードに遷（うつ）されますが，要塞は王国防衛の基本でした。この遺跡の石の壁（城壁）は周囲約 3 km にわたる大規模なもので，一部破壊されているのが歴史を感じさせます。

　なお，ハイデラバード市街のシンボル的な存在であり，観光客が最も多いのは，チャールミナールです（図 3.9）。「4 つの尖塔」という意味を持ち，その名の名の通りの外観をした巨大な門で，1591 年に当時のゴンダール国王によって建設されたと伝えられています。1687 年ムガール帝国によって滅ぼされた王国の貴重な遺構といえます。

図 3.8　ゴールゴンダフォートの遺跡

図3.9 チャールミナール

世界各地の先カンブリア時代の地質と地形

　世界的に見ると先カンブリア時代の地質は大陸内部に広がっています。図3.10は，現在，世界各地で見られる先カンブリア時代の地質の分布です。地形としては楯状地や卓状地となっています。

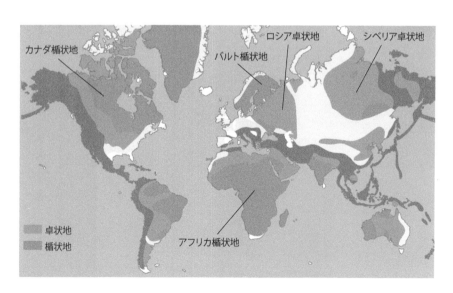

図3.10 世界の先カンブリア時代の地質と楯状地・卓状地

楯状地と卓状地

図3.10 に示した楯状地や卓状地と名付けられている地域は全て先カンブリア時代の基盤がもとになっています。

ここで楯状地とは，先カンブリア時代の基盤岩が地表に露出し，先述のデカン高原のように，当時の造山運動とも関連した花こう岩や片麻岩などを基盤岩とした地域のことです。その性質から安定陸塊（安定地塊）と呼ばれることもあります。

楯状地は，先カンブリア時代の地質が長い間の侵食作用によって平坦化され，なだらかな丘陵地・高原になっていることが一般的です。そのため，全体的に見ると楯を伏せたような地形のところが多いので，楯状地と名付けられました（図3.11）。英語でも shield といいます。

南北のアメリカ大陸においても先カンブリア時代の地質が広く分布し，特にカナダ楯状地は広大です。

先カンブリア時代の地質が，北アメリカ大陸の有名な観光地で観察できる場所としては，アメリカのグランドキャニオン，カナダのカナディアンロッキーがあります。これらは，地形としては，卓状地に含まれています。

楯状地と卓状地は同じ先カンブリア時代の古い岩体を基盤としていますが，楯状地が先カンブリア時代の基盤岩が露出しているのに比べ，卓状地はその後，古生代の堆積岩が重なり，文字通りテーブル状（卓状）になった形から由来しています（図3.12）。英語では tableland といいます。卓状地も古生代以降は大きな地殻変動を受けずに侵食されたため，このような形になっています。

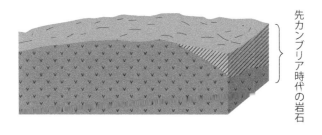

先カンブリア時代の岩石

図3.11 楯状地

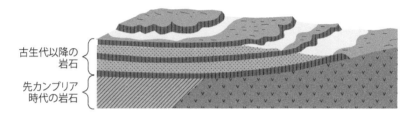

古生代以降の
岩石

先カンブリア
時代の岩石

図 3.12 卓状地

グランドキャニオン国立公園

　図 **3.13** は世界遺産（自然遺産）にも登録されているグランドキャニオン国立公園です。このグランドキャニオンをつくっている岩石を図 **3.14** の地質柱状図と合わせて簡単に説明します。

　コロラド高原の水平な地層は約 20 億年前の先カンブリア時代から同時代の不整合を挟んで，約 2 億 7000 万年前の古生代ペルム紀（二畳紀）までの地質が重なっています。

　先カンブリア時代の地質は結晶片岩に貫入した花こう岩や片麻岩，それを不整合に覆う砂岩，泥岩などの堆積岩があります。古生代になると，砂岩，泥岩，石灰岩などの堆積岩の層序が見られます。絶景をつくる景観は柔らかい砂岩と硬い礫岩の侵食の差によってつくられました。

　峡谷の形成には，コロラド川の侵食作用が重要な役割を果たしました。一般

図 3.13 グランドキャニオン国立公園

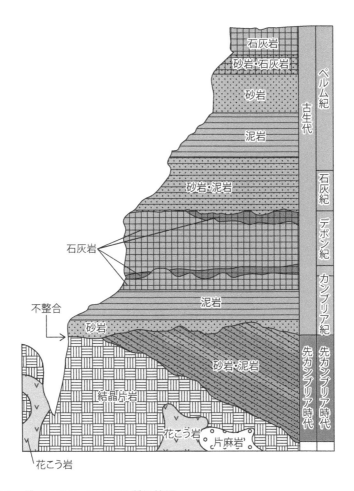

石灰岩

砂岩・石灰岩

砂岩

泥岩

砂岩・泥岩

石灰岩

泥岩

不整合

砂岩

砂岩・泥岩

結晶片岩

花こう岩

片麻岩

花こう岩

ペルム紀

石灰紀

デボン紀

カンブリア紀

古生代

先カンブリア時代

先カンブリア時代

図 3.14 グランドキャニオン地質柱状図

的には隆起などの地殻変動は第四紀の新しい時代に生じたことが多いのですが，近年の研究ではグランドキャニオンの峡谷の起源は7000万年ほど前に遡ることが示されました。この時期以降，コロラド高原が1500～3000 mも隆起し，この隆起が，コロラド川とその支流の下方侵食が著しくなったことの大きな理由です。また，コロラド川は，約530万年前にカリフォルニア湾が開いて流路が変わったため，侵食の速さが増したと考えられています。その結果，120万年前までにはグランドキャニオンの深さは現在の深さにまで達したと推測されます。

カナダ楯状地とカナディアンロッキー

　北アメリカ大陸には**図3.10**で示したようにカナダ楯状地が広がっています。現在では標高300 m〜600 mの低い山地ですが，先カンブリア時代の中でも40億年前〜25億年前の太古代（始生代）の地質が，世界で最も広く露出する地域です。

　カナダ楯状地の西側に隣接するカナディアンロッキーの先カンブリア時代の地質の一部を示します。**図3.15**の場所はレイクルイーズ（p.153）の周辺になります。レイクルイーズには先カンブリア時代の地質を覆う古生代の地質もあり，これらが地殻変動を受け周辺の壮大な景観の基盤となっています。さらに氷河のダイナミクスが加わり，一層際立った絶景をつくります。カナディアンロッキーの山脈も既に紹介した褶曲運動によって形成された褶曲山脈です。

　これらの地域はカナディアンロッキー山脈自然公園群として世界遺産に登録されています。

図3.15　レイクルイーズの先カンブリア時代の地質

ヨーロッパの先カンブリア時代の地質

　古生代の模式地としての地質が目立つヨーロッパにおいても，北ヨーロッパを中心に先カンブリア時代の地層が見られます。

　特に，バルト楯状地は先カンブリア時代の地質として，ヨーロッパ最大の広がりを持つ安定地域です。バルト楯状地の範囲は，北ヨーロッパのスウェーデン，フィンランド，ロシア北西端，およびノルウェー，デンマークの一部を含んでいます。構成する岩石は，**図3.16**に示したように，先カンブリア時代の変成岩，花こう岩から成り立っています。

　図3.17，**図3.18**は，ノルウェー・トロンハイム近郊の地表に露出しているの岩体です。バルト楯状地だけでなく，スカンジナビア山脈の北側にも先カ

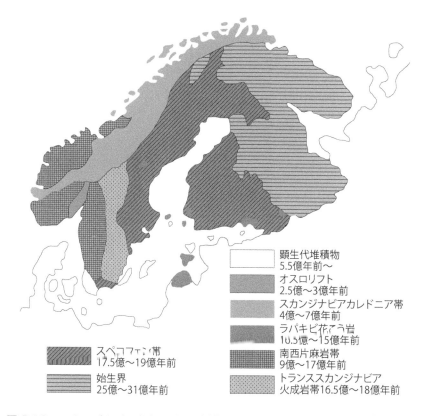

凡例：

顕生代堆積物
5.5億年前～

オスロリフト
2.5億～3億年前

スカンジナビアカレドニア帯
4億～7億年前

ラパキビ花こう岩
10.5億～15億年前

南西片麻岩帯
9億～17億年前

トランススカンジナビア
火成岩帯16.5億～18億年前

スベコフェン帯
17.5億～19億年前

始生界
25億～31億年前

図3.16　スカンジナビア半島・バルト楯状地周辺の先カンブリア時代の地質

図3.17 ノルウェーの先カンブリア時代の岩石

図3.18 スカンジナビア山脈ふもとの湖岸に見られる岩体

ンブリア時代の地質が存在します。

　スカンジナビア山脈は，文字通りスカンジナビア半島を縦貫する山脈であり，**図3.16**のように，スウェーデン，ノルウェーに跨り，フィンランドにも達しています。北ヨーロッパの高緯度の地域に位置するため，氷河地形が多く見られます。また，山脈はスカンジナビア半島南西部の北極海の近くまで伸びており，そのため，発達したフィヨルドが存在しています。**図3.18**はスカンジナビア山脈ふもとの湖岸に見られる岩体です。

　特にノルウェーでは，北極海に面した海岸線でも先カンブリア時代〜古生代最初の頃の岩石が広く分布します。ノルウェーでは外洋を陸地に沿って走る観

光船が航行していますが，その船を借り切ってクルーズをしながら国際会議が行われることもあります。北極圏の限界線となる北緯66度33分線を北極線と呼び，クルーズではここを通過します。図3.19は北極線通過のクルーズの船から撮った先カンブリア時代〜古生代の堆積岩の岸壁です。図3.20（下）は北極線が通る位置を示すモニュメントです。

　会議の途中でその景観に見とれてしまいそうですが，実際，景観の素晴らしいポイントでは，ひとまず会議を中断して，参加者が鑑賞することもあります（図3.21）。北極海やフィヨルドを巡るクルーズのコースの一例を図3.21に示します。

　また，ノルウェーのトロンハイムでは，図3.22のように先カンブリア時代〜古生代の岩石が教会の建物の壁等に使用されています。

図 3.19　北極海に面した地質の様子（科学技術コミュニケーション研究所　泉優佳理氏撮影）

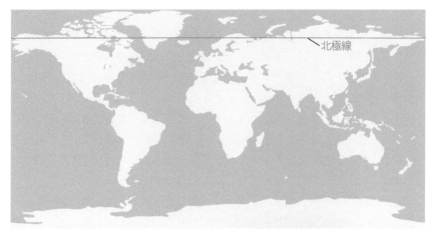

図 3.20 北極線（上），北極線を示すモニュメント（下）

図 3.21 クルーズ船上とクルーズの行程

図 3.22 ノルウェー教会の建物の壁

3.2 広大な平原

沖積平野と構造平野

　日本列島の平野は，河川の堆積作用などによって形成された沖積平野です。主に第四紀の完新世と呼ばれる新しい時代につくられました。しかし，世界の平野は全てが沖積平野とは限りません。中には構造平野と呼ばれる平野も存在します。

　構造平野と沖積平野との違いをここで少し説明します。構造平野は，古生代などに形成された古い地層がほとんど地殻変動を受けず，水平な状態を保ち続け，侵食を受けてつくられた広い平坦な低地のことを指します。古生代の上に新しい時代の地層が水平に堆積されたとしても新しい軟弱な地層は侵食されて下位の古い時代の硬い岩層の平坦な表面が現れます。必ずしも同じであるとは限りませんが，構造平野は先述の「卓状地」と考えてもよいでしょう。

　一方，侵食によって山地が削られた結果として平坦になったような地形は，「準平原」と呼ばれています。多くの場合，先述の「楯状地」は「準平原」であり，「準平原」は「楯状地」です。そのため，楯状地と準平原はほぼ同じとみなしてもかまいません。

　構造平野と準平原の関係を整理します。準平原が沈降して海に沈み，その上

に新しい時代の堆積物が積もり，その後で隆起すると侵食作用によって，古い硬い地層のところが地表に多く残ります。こうしてできた地形が「構造平野」です。

　地質的には，大部分が先カンブリア時代の地層の上に古・中生代の地層が堆積したものです。図 3.23 は，世界に分布する卓状地の様子を模式的に示したものです。現在では地殻変動の著しくない地域，例えば，東ヨーロッパ平原（ロシア平原）や，北アメリカ中央平原などに分布し，日本のような造山帯にはほとんど存在しないと考えてよいでしょう。

　なお，図 3.24 はアメリカの草原地帯です。サンフランシスコからさほど遠くない場所ですが，水平な地形に基盤の玄武岩等の火山岩が露出しているのがわかります。

　ちなみに，アメリカの大陸中央部に存在する大平原では上昇気流が発生すると，スーパーセルと呼ばれる竜巻が発生します。確かに日本列島においても，近年，地表面と高空の温度差から，強い突風や竜巻が発生しています。しかし日本では，アメリカの大平原で発生するような，大型トラックや家ごと吹き上げるレベルの強力なトルネードはまだ観測されていません。

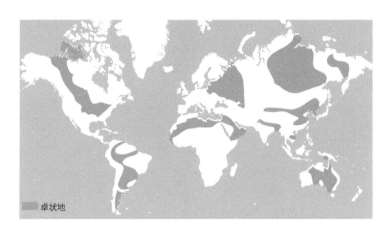

卓状地

図 3.23 世界の卓状地の分布

図 3.24 アメリカの草原地帯

モンゴルの平原と砂漠

　アジアにも大平原が存在します。大草原といえば，モンゴルを思い浮かべるかもしれません。確かにそのような地域も存在します。しかし，**図 3.25**（左）は首都ウランバートル近くの航空からの写真です。この写真を見ると，大平原ではなく，一面が砂漠のように見えます。モンゴル国（外モンゴル）に飛行機で入ると，最初にいわゆるゴビ砂漠の光景が目に入ります。空港に降りると，市内は都市域に見えるかもしれませんが，空から眺めると，それもわずかの空間であることがわかります。

　モンゴルは，平均高度 1580 m の高原状の地形であり，南部はゴビ砂漠，中

図 3.25 飛行機から見たウランバートル周辺の様子（左），戦勝記念塔（右）

央部から東部は草原となっており，ステップ草原と砂漠が国土の 80% を占めています。

　ウランバートル周辺の地質は，日本の都市と比べて全体的に古く，一部先カンブリア時代の結晶片岩も分布しますが，主に古生代を通しての堆積岩（前期はハラー層群，中・後期はヘンテー層群と称されています），中生代白亜紀のズーンバヤン層群，中生代に貫入した花こう岩類からなり，それ以降の堆積物に一部が覆われています。

　市内南部にザイサン・トルゴイという小高い丘があり，旧ソ連により戦勝記念塔が建てられています（図 3.25（右））。モンゴルとの協力によって，ノモンハン事件以降，旧帝国日本軍を打ち破ったことを強調したいロシアの意図がうかがえますが，現在の日本とモンゴルとの友好関係を考えると，時代にそぐわないとも感じられます。

　この場所からウランバートルの地形などが一望できます（図 3.26）。いたるところに基盤の岩石が露出しており，この丘を形成しているのは，主に上述の先カンブリア時代の結晶片岩，古生代のヘンテー層群の砂岩と泥岩（頁岩）からなります。この砂岩・泥岩層では，注意してみると，層理面などの堆積構造も読み取れます。

　ところで，モンゴルでは多くの恐竜化石が発見されています。意外かもしれませんが，モンゴルは，北アメリカ・カナダ，中国などと並ぶ世界的な恐竜化石産地の一つです。特に中生代の白亜紀，その中でも中生代末期の地層からは

図 3.26　ウランバートル市内の堆積岩の地形，地質・岩石の一望

様々な種類の恐竜化石が発見されています。ウランバートルに国立自然史博物館があり，国内から発掘された多くの恐竜化石等が展示されています。1924年設立のため老朽化し，しばらく建て替えの工事中でしたが最近リニューアルしました。

　また，モンゴル国立博物館（国立民族歴史博物館）には多くの日本人観光客がモンゴルの雄大な歴史や民族文化などの足跡を求めて訪れ，モンゴルで最もポピュラーな博物館となっています（**図 3.27**（上））。

　近年，モンゴルへ訪問する日本人が多くなっており，観光用ホテルとして，**図 3.27**（下）のようなゲルの家屋を都市部周辺でも見かけることがあります。ゲルは，主にモンゴル高原に住む遊牧民が使用している伝統的な移動式住居ですが，長期間ここに滞在する人もいるようです。

図 3.27　モンゴル国立博物館（上），ゲルの概観（ウランバートル市内）（下）

図3.28は中国の内モンゴル民族自治区に位置する内モンゴル民族大学の，民族文化の特色を示す民族博物館です。

　展示されている博物館の岩石は，薬用の岩石や植物を示したものです。

図 3.28　内モンゴル民族大学博物館

column 防災に関する日本とモンゴルとの友好

　近年，日本とモンゴルとの交流が進み，モンゴルの人達の日本への興味や関心が高まっています。大相撲で活躍する力士だけではありません。人事交流とともに，日本から様々な支援や協力がなされ，例えば，ソフト面では，教育が代表的なものといえます。安全や防災に関しても学校や教育委員会への教材提供などの支援だけでなく，図3.29のような消防車の提供のようなハード面の支援もあります。

図 3.29　日本から提供された消防自動車（左）

モンゴル国の地形・地質について紹介しましたが，中国にも「内モンゴル民族自治区」と称される地域があります。前者を外モンゴル，後者を内モンゴルと呼ぶこともあります。民族的には，モンゴルとして同じかもしれませんが，現在，国としては外モンゴルはモンゴル国，内モンゴルは中国に属しています（**図3.30**）。なお，内モンゴルも地形的には大草原の国です。

図3.30 モンゴル国と内モンゴル自治区の位置

3.3 氷河地形の景観

　日本列島にも中央アルプスなどに，氷河やかつての氷河時代に形成された地形が存在します。しかし，大規模な氷河や氷河跡が残っているのは，やはり北極圏や南極圏に近い場所，アルプスやヒマラヤなどの標高の高い場所です。

フィヨルドの景観

　かつての氷河が残した地形として代表的なものにフィヨルドがあります。フィヨルドとは両岸を急峻で高い谷壁に挟まれた，細長く深い湾で，氷食谷が沈水した地形をしています。フィヨルドは入り江を意味するノルウェー語に由来し，峡湾とも呼ばれます。

湾底は湾口部で浅く，湾中部で深く水深 1,000 m 以上に達することもあります。特にノルウェー，グリーンランド，アラスカ，チリ，ニュージーランド南部などでは典型的なフィヨルドが見られます。

　図 3.31 はノルウェーに存在する代表的なフィヨルドとその位置を示したものです。また，図 3.32 はフィヨルドから北極海に注ぐ地形を示した写真です。

図 3.31　ノルウェーの数多く見られるフィヨルド

図 3.32 フィヨルドの遠景（泉優佳理氏撮影）

スカンジナビア半島に見られるアイソスタシー

　北ヨーロッパの特色として，スカンジナビア半島のアイソスタシー（地殻均衡）と最終氷河期以降の隆起についても触れておく必要があります。

　図 3.33 は地殻均衡について説明したものです。密度の小さなもの（角材）は密度の大きなもの（水）の上に浮かびます。今，**図 3.33** で矢印の部分に手

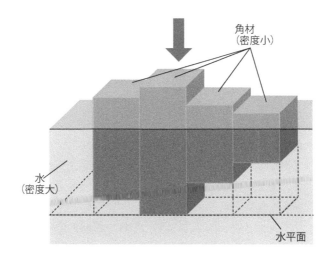

角材
（密度小）

水
（密度大）

水平面

図 3.33 アイソスタシー（地殻均衡）

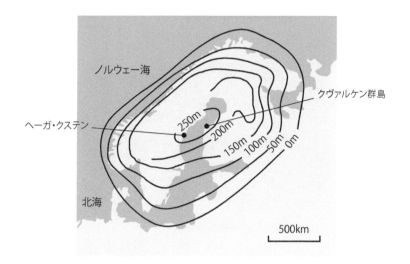

ノルウェー海

クヴァルケン群島

ヘーガ・クステン

250m
200m
150m
100m
50m
0m

北海

500km

図 3.34　北欧の隆起現象

で力を加えると沈み，手を放すと上がります。同じことがスカンジナビア半島
でも起こっています。つまり，氷河時代に大陸地殻の上に乗っていた氷河が消
えて軽くなると，大陸地殻は上昇します。この原理によって，現在，スカンジ
ナビア半島は隆起しつつあります。**図 3.34** はそのことを示しています。

ヘーガ・クステンとクヴァルケン群島

　スカンジナビア半島南部のスウェーデンでは 15 の地域が世界遺産に登録さ
れています。その中の一つ，バルト海北部のボスニア湾沿岸にあり，スウェー
デン語で「高い海岸」を意味するヘーガ・クステン（**図 3.31**）は，前述のア
イソスタシーと大きく関わっています。

　つまり，氷河が溶けたことによって，土地が隆起する現象が地球上で最も顕
著に現れている地域です（**図 3.34**）。このことが世界遺産登録の理由になり
ました。絶壁の断崖と数々の入り江，湖，島々などから美しく神秘的な景観を
呈しており，現在も年間平均 1 cm の土地の隆起が生じています。

　ヘーガ・クステンは 2000 年に世界遺産に登録されましたが，その後 2006 年
に，同じメカニズムで自然景観が形成されたフィンランドのクヴァルケン群島
（**図 3.31**）も追加登録されました。

地球上でのアイソスタシー

　現在もアイソスタシーによって，**図 3.35** のように，比較的軽い地殻が重く流動性のある上部マントルに浮かんでおり，地殻の荷重と地殻に働く浮力がつりあって均衡を保っています。

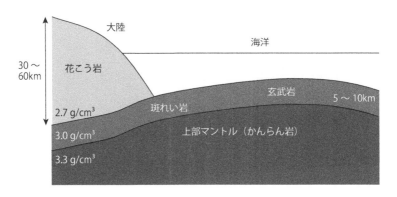

図 3.35　マントル上の地殻均衡

地形に残された氷河時代の堆積物

　第四紀（約 260 万年前〜現在）は人類が誕生し発展したことから，「人類の時代」と呼ばれることがあります。かつては，後期旧石器時代（日本では縄文時代）の始まりは最終氷期（ヴェルム期）が終わってからと考えられていたときもありました。しかし，最近の研究では，縄文土器の登場つまり後期旧石器時代の始まりは氷河時代にまで遡ることがわかっています。

　なお，約 70 万年前から，ほぼ 10 万年周期で氷期・間氷期が繰り返されています（**図 3.36**）。

　最終氷期には，世界の多くの地域が氷河に覆われ，絶滅した生物が氷河の中に保存されていることもあります。シベリアで発見された大型哺乳類のマンモスがその代表です。日本でも何度か，これらのマンモスが公開，展示され，多くの人気を集めてきました。

　近年，約 4000 年前に絶滅したといわれているマンモスが，地球温暖化の影響で，ロシア連邦サハ共和国の永久凍土から次々と発掘されています。掘り出

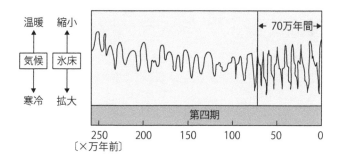

図 3.36 第四紀の氷河時代

されたマンモスは，通常の化石などと違い，冷凍状態で出土するため，非常に生々しいのが特徴です。

　日本では，2016年同共和国の北極海に面したユカギルの海岸線で見つかったマンモスが公開され，多くの人の関心を集めました。このマンモスは39,000年前のもので，皮ふがほぼ完全に残っていました。

氷河の景観

　ここで，氷河のつくりだした景観を紹介しましょう。

　山の頂に半円形をした氷河の削り跡が見られることがあります。これをカール（圏谷）と呼びます。氷河の流れによって，カールがそのままU字谷となることもあります。

　図 3.37 は，代表的な氷河の跡といってもよいU字谷の地形です。大地の上の氷も暖かくなると溶けてきます。それだけでなく，氷河時代の氷床は，地面との接触部分が重さによって生じた力や熱などで，氷河そのものが低い場所に向かって移動することがあります。このように氷河の下方侵食によってできた地形をU字谷と呼びます。河川侵食による地形をV字谷と呼ぶのに比べて，氷河の下方侵食の強さがうかがえます。U字谷には両側に砂礫のような堆積物があります。氷河が下方侵食したとき，侵食された堆積物は氷河の道筋に沿って両側や先端に堤防のように積み重ねられます。これらをモレーンと呼びます。

　氷河の移動時に巨石も運搬され，もともとあった位置から離れた場所に置き去られることもあります。これを迷子石といいます。迷子石は現在の高山など，

図 3.37 氷河の侵食によってできた U 字谷

図 3.38 ラッセン国立公園（アメリカ）の迷子石

かつて氷河に覆われていた場所にも残っていることがあります。**図 3.38** はアメリカのカスケード山脈で見られるその一つの例です。

　迷子石だけでなく，アメリカの西海岸に沿って南北に走るカスケードの山々では，現在も頂上部に万年雪や氷河を見ることができます。ヨセミテ公園など，前章で紹介しましたように，かつての氷河の侵食作用が巨大な花こう岩を削っ

図 3.39 U字谷（セントヘレンズ）

た状況が絶景となっています。

　意外かもしれませんが，セントヘレンズ火山も氷河が発達していました。噴火時に氷河も流れ落ち，**図 3.39** のようなU字谷の景観が生じました。

カナディアンロッキーの氷河

　現在，観光地として氷河に接近できる代表的な場所は，カナディアンロッキーの山々でしょう。バンフ，ジャスパー間ではバスが走っていますが，両駅やその周辺，さらには途中停車すると，様々な氷河地形を楽しむことができます。バンフ，ジャスパー間は約 270 km です。**図 3.40** にバンフからジャスパーまでの自然景観を楽しめるポイントを示しておきます。

　カナディアンロッキーでは，特にアサバスカ氷河が有名です。アサバスカ氷河は，コロンビア氷原から流れ出す主要な6つの氷河の一つとして数えられています。**図 3.41** はこの氷河の先端部と湖を示しています。その後はアサバスカ川として合流します。

　図 3.42 には，氷河の様子を示しています。ただ，この氷河も年々後退しており，年代ごとに氷河の先端であったことを示す標識からも明らかです。アサバスカ氷河は近年年間2mから3mのペースで後退を続けていることが観測されています。さらに，この 125 年で 1500 m 以上も後退し，氷河の体積も，その半分以上が失われたと見積もられています。

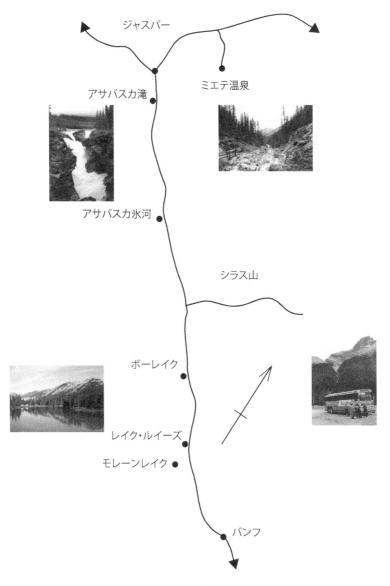

図 3.40　バンフ・ジャスパー間のポイント

図 3.41 アサバスカ氷河の先端部

図 3.42 アサバスカ氷河の様子

　コロンビア氷原から流れ出す氷河は，アサバスカ氷河だけではありませんが，他の氷河も近年その規模が縮小する傾向にあります。地球温暖化はこの地域にも及んでいるといえるでしょう。

　このように，氷河時代が終わり，氷床の存在が落ち着いたように見えても，近年の地球温暖化の影響等によって，氷河は溶け，後退し続けています。

　カナディアンロッキーの氷河も溶け続け，海水面の上昇とも無関係ではないことが懸念されます。

　カナディアンロッキーでは豊富な水が存在するため，バンフ国立公園内には，

　氷河の近くに温泉があるというのは，ピンとこないかもしれません。しかし，カナディアンロッキーにも温泉が湧いてくる場所があります。**図 3.43** は，その一つミエテ温泉が形成されるメカニズムを模式的に示したものです。カナディアンロッキーには断層が多く，温められた地下水はこの断層を通じて湧出します。

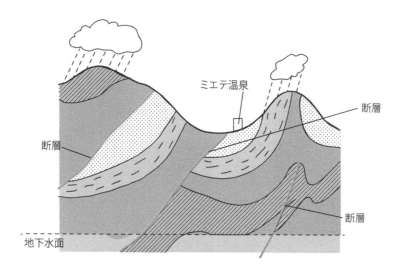

ミエテ温泉

断層

断層

断層

地下水面

図 3.43　カナディアンロッキーの温泉と温泉湧出のメカニズム

背後の山々と調和した湖も多く見られます。いずれも湖水面は標高約 1500 m ～2000 m に立地します。代表的なレイクルイーズは，カナディアンロッキーの登山の拠点として早くから注目されていました。さらには，ボウレイクやモレーンレイクなども存在します（**図 4.44**）。モレーンレイクは，かつてカナダ 20 ドル紙幣に使われ，これらの湖は全て，世界遺産にも登録されています。
　これらの湖の形成にはかつて存在した氷河の影響が大きく，湖そのものが氷河湖と呼ばれますが，氷河の跡はいたるところに見られます。例えば，モレーンレイクでは氷河が山を流れ下ったことを示す緩やかな U 字谷を呈していることが読み取れます。

図 3.44 カナディアン・ロッキーの湖（レイクルイーズ（左），ボウレイク（右），モレーンレイク（下））

パタゴニア氷河

　南アメリカには北アメリカ以上に氷河地形が広がっているところがあります。その例がパタゴニア氷河（**図 3.45**）です。パタゴニアとは，南アメリカ大陸の南緯 40 度付近を流れるコロラド川以南の地域を総称しています。国としては，アルゼンチンとチリの両国に跨っています。

　近年，パタゴニアは観光地としても注目されています。世界最南端の街ウシュアイア，大氷河ペリト・モレノを有するロス・グラシアレス国立公園，名峰連なるトーレス・デル・パイネ国立公園など，魅力的な景観が広がっているからです。特に，南極，グリーンランドに次いで大規模な氷床を有する南パタゴニア氷原を含むロス・グラシアレス国立公園は，世界から観光客が訪れています。ここでは，ウプサラ氷河や最大 130 m の高さにも達するスペガッツィーニ氷河など，50 近い氷河が見られます。

　パタゴニアの氷河は，これまで紹介してきた氷河とは違って温暖氷河に属し

図 3.45 パタゴニア氷河

ています。温暖氷河とは，氷の温度に着目した分類であり，極地氷河のように夏でもほとんど溶けない氷河とは異なります。夏も冬も0℃の状態の氷河のため，常に少しずつ溶けています。そのため，氷河が存在し続けるためには，多量の降雪が必要です。パタゴニアの氷河はアンデス山脈の多量の降雨が供給源となっており，氷河の循環も早いのも特色です。ペリト・モレノ氷河を始めとして，氷河の崩落が多く見られ，しばし紹介されるのも，この氷河の循環の速さと関係しています。なお，パタゴニアの氷河も北アメリカの氷河（例えば先述のアサバスカ氷河など）と同様に縮小しています。しかもそれが加速していることが懸念されています。

　一方で，南極や北極の氷が溶けることによって地球全体の海面上昇が生じるというのは疑問があります。氷点下数十度の場所で，温度が数度上がっただけで，氷が溶けるとは考えにくいからです。むしろ，両極に近い地域の氷床や大陸の中で標高の高い地域に存在していた氷が溶けることが，海面上昇の原因として考えられます。

　さらに二酸化炭素の増加が温暖化につながるという説も疑問点がないわけではありません。確かに最近の100年程度のスパンで，二酸化炭素が増加したり，気温が上昇傾向にあったりするのも事実です。しかし，必ずしも，この二つの相関が明確になったといないからです。地球温暖化には，むしろ，太陽活動の影響も無視できないでしょう。

第 **4** 章

植生と天体現象によって映える景観

オーロラ

これまでは，特に地形や地質の成り立ちやその歴史，構成される岩石の性質などを中心に紹介してきました。実際には，植生をはじめ生態系などが関わって，自然景観が一層，鮮やかになることがあります。さらには，気象現象や天体現象，場合によっては自然に対する人間のアプローチが，自然景観や新たな事象の出現に大きな影響を与えることがあります。ここでは，それらの現象とメカニズムについて説明します。

<h1>4.1　植生と自然景観</h1>

　本書では，絶景をつくるものとして，地形，地質，岩石のメカニズムを中心に紹介してきました。

　一方で，その環境の中で育まれた植物，動物などの生命の存在が自然環境を際立たせることもあります。

　つまり，無機物（非生物）的なもの，有機物（生物）的なものが組み合わさった結果，さらなる絶景がつくりあげられるのです。

ヨーロッパの森と景観

・ノルウェーの森

　「ノルウェーの森」といえば，ベストセラーとなった村上春樹氏の同名の小説（後に映画化されます）が有名です。ただ，同小説やさらにそのもととなったビートルズの同名の曲も，「ノルウェーの森」の自然を特に取り扱っているわけではありません。

　図4.1はノルウェーの森林で見られる樹木ですが，雪の影響によって枝の曲がり方に特徴が現れています。雪の重みと太陽の方向に延びる力のバランスの中で，緩やかに湾曲する枝の形は，北欧だけでなく，日本国内でも雪の多い地方に見られます。

　基盤となる地質は，前章で紹介したように，先カンブリア時代〜古生代の古い花こう岩や堆積岩，もしくはそれらが変成を受けた岩体です。

図 4.1　ノルウェーの森で見られる樹木

　ノルウェーの森林率は 33.2% と低く，世界で 91 位に過ぎません（森林率とは湖沼や河川など内陸水域を除いた国土面積に対する森林面積の割合）。同じ北欧のスウェーデン 68.9%（16 位），フィンランド 73.1%（10 位）と比べると意外な気がします（ちなみに日本は 68.5% とスウェーデンに次いで 17 位です）。他の北欧の国と比べて高緯度に位置するため，植生がより乏しく岩体が露出していることが理由の一つでしょう。

　ところで，ノルウェーはヨーロッパの石油埋蔵量の 60%，天然ガス埋蔵量の 50% を有する資源大国といえます。しかし，エネルギー資源の点から注目されるのは，ヨーロッパ最大の水力発電国であることです。ノルウェーでは，石油・天然ガスなどのエネルギー資源は主に輸出用の稼行対象であり，国内で消費されるのではありません。つまり，ノルウェー国内の電力は，火力発電や原子力発電ではなく，主に水力発電によって供給されています。

　また，森林に数多くの湖が存在するのがノルウェーの特徴です。一人当たりの水資源量は，カナダ，ニュージーランドに次いで第三位となっています。図4.2 のような湖が森林の中に存在し，豊富な水量はノルウェーの自然景観も豊かにしています。

図 4.2　森の中に見られるノルウェーの湖

・森の中のノイシュバインシュタイン城

　ドイツの南部では，ドイツトウヒの植生からなる黒い森（シュヴァルツヴァルト）などの山地が有名です。また，ヨーロッパには自然と調和した数多くの古城があります。これまでも氷河湖に佇む古城を紹介してきましたが，湖と森の中に築かれた古城もあります。

　例えば，**図 4.3** のドイツ南部・バイエルン州に位置するノイシュバインシュタイン城は「眠れる森の美女の城」のモデルともいわれ，観光地としても広く知られています。この城は，バイエルン王ルートヴィヒ 2 世によって 19 世紀に建築されました。その目的は，軍事用でもなく，住まいとしてでもありません。実は，ロマンティックな要素だけを求められてつくられた特別な城なのです。

図 4.3　ノイシュバインシュタイン城

世界遺産屋久島の魅力

　先述のように，日本は世界でも森林率の高い国であり，先進諸国の中では珍しいことといってよいでしょう。地形・地質と調和し，さらには，気象条件が植生に影響を与え，貴重な自然景観をつくることがあります。その例として，世界遺産（自然遺産）に選定され，国際的にも評価の高い屋久島（ゃくしま）の自然景観があります。

　屋久島（鹿児島県）には「縄文杉」や「紀元杉」（**図4.4**）と呼ばれるような樹齢数千年単位の杉が有名です。世界自然遺産地域には入っていませんが，「ヤクスギランド」にも多様な景観を示す樹木があり，観光客を引きつける場所です。

　しかし，興味深い植物は杉だけではありませんし，絶景として紹介したい植生・生態系などは数多くあります。何よりも屋久島自体の地形，地質，気象などの自然条件が，興味深い自然景観を形づくっていますので，ここではそれらも取り上げます。

　図4.5は屋久島花こう岩が基盤の岩体となって峡谷の景観をつくる白谷雲水峡（しらたにうんすいきょう）です。渓谷を挟んで杉などの多くの樹木が様々な形で生育しており，あらゆる方向に延びています。また，苔の生えた花こう岩の転石がいたるところに見られます。一般的には，この地域がジブリ映画「もののけ姫」の舞台といわれます。

図4.4　屋久島の代表的な杉の　つ「紀元杉」

図 4.5　白谷雲水峡

　「もののけ姫」の舞台となった状況をもう少し眺めてみましょう。屋久島は日本列島でも台風が直撃する有数の場所であり，そのため，多くの杉の木が暴風で倒されたままになっています。また，大雨で土石流が生じることも頻繁で，加えて降雨量の影響で湿度が高く，さらに気温も高いという自然条件が重なり，倒木や転石にも苔が生えやすい環境になっています（**図 4.6**）。

　ガジュマルの木も特色です。ガジュマルは亜熱帯〜熱帯地方に分布するクワ科イチジク属の常緑高木のことで，台湾，中国南部やインドからオーストラリアなどにかけて自生しています。日本では屋久島と種子島以南，主に南西諸島

図 4.6　屋久島の気象条件が生み出した自然景観

などに分布するだけです。

　幹は多数分岐して繁茂し，褐色の気根を地面に向けて垂らすのが特色です。垂れ下がった気根は，徐々に土台や自分の幹に複雑に絡みついたり混ざりあったりして芸術的ともいる形になっていきます。気根とは，植物の地上部から空気中に出る根のことです。ガジュマルの名の由来は，こうした幹や気根の「絡まる」姿が訛ったという説すらあります。

　図 4.7 は，中間川ほとりに存在する屋久島最大のガジュマルです。この樹齢は約 300 年といわれています。

　島の特異な景観をつくる海岸からの急峻な地形や，屋久島の基盤を構成する岩体も無視することができません。屋久島には日本の名滝 100 選のうち，二つの滝が存在します。

　二つの滝を構成する岩石それぞれが屋久島をつくる代表的な岩石，つまり花こう岩と堆積岩（厳密には付加体の堆積岩が花こう岩の熱変成を受け，ホルンフェルス化したもの）となっています。

　それらは「千尋の滝」と「大川の滝」と呼ばれています。図 4.8 に周囲の緑と調和したそれぞれの岩体を流れる滝の様子を示します。

図 4.7　中間ガジュマル

図4.8 千尋の滝（上）と大川の滝（下）

佐渡の大王杉

　日本海に浮かぶ佐渡の標高600mにある杉は文字通り風雪に耐え，冬季の豪雪のおかげで不思議な自然景観を呈します。例えば，「千手杉」や「大王杉」，「混合杉」と呼ばれるものがそれです。

　図4.9の「千手杉」の名前は「千手観音」に，ちなんだものです。木の枝は雪の重みにより曲がっていますが，枝は太陽の光を求めて延びていますので，このような形になります。また，何本かの杉が複雑に絡み合ったり，根は同じであったりと複雑な様相を示します。

　図4.9，図4.10は，新潟大学農学部佐渡演習林内で撮影したものです。佐渡演習林は，江戸時代，幕府直轄地として管理下に置かれ，天然杉などの伐採は厳しく制限されていました。明治維新後も国有林，御料林として保護されてきました。

図4.9 佐渡の大王杉（左），千手杉（右）

図4.10 佐渡の杉林（右は混合杉）

佐渡は従来から国定公園（佐渡弥彦米山国定公園）に指定されていましたが，現在，佐渡ジオパークとして新たな注目を集めています。佐渡金銀山やトキの森公園だけでなく，特色ある様々な自然景観を呈しています。

column 野生生物が存在しない日本の佐渡

佐渡島は氷河時代においても，大陸や日本列島とつながっていなかったため，生態系も本州とは少し異なっています。例えば，クマやイノシシなどが生息しておらず，トレッキングなどは安心して楽しむことができます。

亜熱帯〜熱帯の植生

・生態系とマングローブ

　マングローブとは，熱帯〜亜熱帯地域の河口汽水域の塩性湿地に見られる森林や植物群落のことです。世界では，東南アジア，インド沿岸，南太平洋，オーストラリア，アフリカ，アメリカ等に分布します。日本では沖縄県と鹿児島県に自然分布しています。

　東南アジアのマングローブ林は，かつては，日本向けの海老の輸出による伐採などの環境問題が注目を集めていました。地球温暖化とのかかわりで熱帯雨林と同様にマングローブの破壊も問題となっていたのです。

　日本でも亜熱帯に近い地域では，マングローブ林を見ることができます。**図4.11** は西表島の仲間川添いのマングローブ林です。西表島には日本のマングローブ植物7種（オヒルギ，メヒルギ，ヤエヤマヒルギ，ハマザクロ，ヒルギモドキ，ヒルギダマシ，ニッパヤシ）の全てが生育しており，仲間川や浦内川の河口に広大なマングローブが発達しています。特に仲間川のマングローブ（**図4.11**）は，「仲間川天然保護区域」として国の天然記念物に指定されています。

　サキシマスオウノキは，南太平洋，インド，熱帯アフリカに分布します。日本では，沖縄本島，八重山諸島でしか見られません。板根と呼ばれる発達した板状の大きな根が特色です。**図4.12** の西表島に見られるサキシマスオウノキは樹齢400年と考えられています。なお，この地域は西表石垣国立公園に指定されています。

図4.11　西表島のマングローブ林

図 **4.12** サキシマスオウノキ

八重山諸島の琉球石灰岩の壁

　図 **4.13** は八重山諸島の中の一つ竹富島の民家の様子です。壁に琉球石灰岩が利用されており，この白い石灰岩の景観が赤瓦の家とよく似合います。竹富町町並み保存地区を有する竹富島は石垣島の南西海上約 6 km にあり，サンゴ礁が発達してできた楕円状の低島です。全島が西表石垣国立公園に指定されていますが，この地域は文化庁から重要伝統的建造物群保存地区として選定されています。

図 **4.13** 竹富島の景観

固有種豊かなニュージーランドの自然

　島が独自の自然景観や生態系を持つのは，国内外共通といえます。ニュージーランドは島としての面積は決して広くありません。しかし，キウィ，カカポなどの飛べない鳥といった固有種も多く，特色ある生態系が見られます。また，動物だけでなく，植物も多様な固有種が存在し，その割合は 80% を超えているといわれます。

　ニュージーランドでは，固有種を保全するための多様な環境保護，保全活動が行われています。例えば外来種は，動物だけでなく，植物も含めて徹底的に駆除されます。さらには，多くの市民に固有種になじんでもらうこともできるトレッキングコースの整備などの取り組みをしています。森林のトレッキングコースの設置には，初級者向けコースから上級者向けコースの整備だけでなく，車いすでも散策できるコースが設定されています。森林の固有種で目に付くのは，ブナ，トタラ，リム，カウリなどの常緑樹であり，トレッキングコースで見られる低木やシダ類，コケ類なども固有種が中心となっています。

　図 4.14 は南島カンタベリー近郊のトレッキングコースとここで見ることができる景観です。

　ニュージーランドは，日本列島形成後の自然条件と類似しているところもあります。特に南島では，地質構造や変成帯の構成から，日本列島のような付加体によって基盤が形成されたと考えられています。

　かつて，現在のニュージーランドを含んだジーランディアと呼ばれる大陸が存在していたと考えられています。ジーランディアは中生代後期（約1億

図 4.14　ニュージーランド南島のトレッキングコース

3000万年前〜8500万年前）に南極大陸と分裂し，中生代終わり〜新生代古第三紀始めの頃に（約8500万年前〜6000万年前）にオーストラリア大陸と分裂しました。その後ジーランディアは海面下に沈み始め，新生代新第三紀（約2300万年前）には，この大陸はほとんど海面下に沈んだと推定されています。図 4.15 で示したように，ジーランディアの中で海面上に表出しているのは，ニュージーランドが大部分であるといってよいでしょう。

　つまり，大陸から分離した期間が長くなったために，ニュージーランドには他の島では絶滅した生物が生きており，その結果，固有種や独自に進化した生態系などが見られるのです。

図 4.15　ニュージーランドとジーランディア（点線部分）

4.2 | 天体現象と自然景観

　絶景と呼ばれる自然景観には，地形や地質，岩石だけでなく，そこに他の現象による鮮やかさが加わることがあります。これには屈折や反射など光の作用も含まれています。時間と共に移り変わる光の強さや色彩は気象条件を超えた天体条件と関わる場合もあります。ここでは，それらの一部を紹介します。

気象条件による自然景観

　光の屈折は，人間の目に自然景観を一層鮮やかに浮き出させます。**図 4.16** は，世界最高峰エベレストの夕焼けです。日没になると，太陽光線の入射角が低くなり，光線が大気層を通過する距離が伸び，長波長光線である赤色の光が散乱されます。その結果，空が赤くなり，その光が山に反射し，赤く見えます。理論的には理解できても，神秘的な光景であることには違いありません。

図 4.16　エベレストの夕焼け

富士山は，これまでも絵画史上多くのモデルとなってきました。その中でも異彩を放つのが「赤富士」です。「赤富士」とは，主に晩夏から初秋にかけての早朝に，雲や霧と朝陽との関係から富士山が赤く染まって見える現象のことです。江戸時代の葛飾北斎はじめ平山郁夫，林武など多くの画家が取り上げています。

雲海に浮ぶ，霧の上に，というキャッチフレーズを持った城や遺跡は国内外にも見られます。例えば，マチュピチュ遺跡（ペルー）や竹田城（兵庫県）の雲海に浮かんだ景観はよく紹介されています。日本と西洋の自然景観，歴史景観の共通といえます。これにも自然条件が大きく関係しています。

高緯度での自然景観

・オーロラ

北極や南極に近いところでしか見られない現象があります。その最たるものがオーロラです（**図4.17**）。オーロラとは，極域近辺に見られる大気の発光現象のことです。最近では新たな観光ツアーの対象にもなっています。

オーロラの発生を簡単に説明します。太陽からは「太陽風」と呼ばれるプラズマの流れが常に地球に吹きつけており，これにより地球の磁気圏は太陽とは

図4.17 光鮮やかなオーロラの様子

反対方向，つまり地球の夜側へと吹き流されています（**図4.18**）。太陽から放出されたプラズマは地球磁場と相互作用し，複雑な過程を経て磁気圏内に入り，地球磁気圏の夜側に広がる「プラズマシート」と呼ばれる領域を中心として溜まります。このプラズマシート中のプラズマが何らかのきっかけで磁力線に沿って加速し，地球大気（電離層）へ高速で降下することがあります。大気中の粒子と衝突すると，大気粒子が一旦励起状態になり，それが元の状態に戻るときに発光します。それがオーロラです。

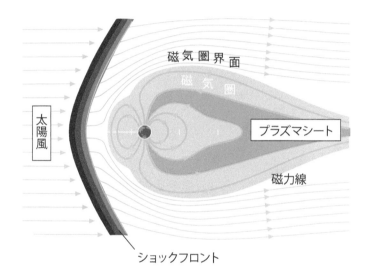

図4.18　オーロラ発生のしくみ

column　日本でオーロラは？

　オーロラは，日本では全く見られないのでしょうか。実は，極地域ほどの高緯度でなくても，太陽活動の活発なときには発生することがあります。実際，日本でも北海道では約10年に1回の割合で見られます。太陽活動の盛んな1957年には3回以上観測されました。**図4.19**に，北半球でのオーロラの出現率の分布を示します。

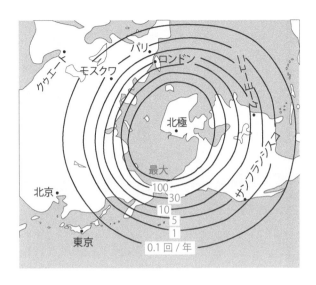

図 4.19 北半球でのオーロラの出現率の分布

・白夜

　他にも中緯度の日本では見られない現象があります。それが白夜です。北極周辺では夏の間は 1 日中，太陽の光を受け，夜がありません。このように，極地で見られる 1 日中太陽が沈まない天文現象が白夜です。逆に冬の間は太陽の光が当たらず，1 日中，夜となります。これを極夜といいます。なお，南極周辺では逆のことが起こります。

　白夜はなぜ生じるのでしょうか。地球は太陽に対して，平行でなく 23.4° と地軸が傾いていることはよく知られています。北半球と南半球では，夏と秋の季節が逆になること，また，日本でも 1 年で最も日の長いとき（夏至）と短いとき（冬至）があるのも，この地軸が傾いているからです。これらの位置関係は図 4.20 に示しました。さらに図 4.21 に白夜はなぜ生じるのかを記しておきます。

　白夜や極夜が観測できる地域は高緯度であるため，非常に厳しい寒さの中での観測と考えられるかもしれません。しかし，ノルウェー北部のトロムソ市および周辺一帯は暖流（北大西洋海流）のおかげで北極圏内であるにもかかわらず冬季の寒さが比較的穏やかであり（札幌市並みです），夏はそれほど気温が上がらないため，白夜や極夜を体験したい人にとっては好都合な地域とされて

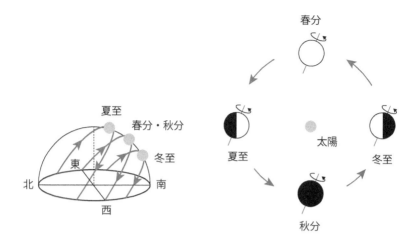

図 4.20 太陽に対する地軸の傾きと夏至・冬至

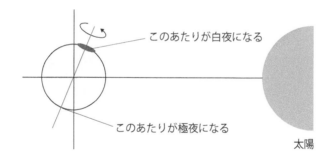

図 4.21 白夜が生じる状況

います。

　日本でも北海道と沖縄では，経度の差の違いから日の出と日の入りが違うことが知られています。経度で1度東に進むごとに，4分ずつ日の出・日の入りが早くなります。ただし，緯度の違いによっても，日の出・日の入りの時刻は違ってきますので，特に，夏や冬では経度だけではなく，緯度も意識しておく必要があります。

　また，ヨーロッパの大都市では，夏は午後9時を過ぎても明るい場所があります。そのため，ヨーロッパの都市に旅行すると感覚が少し狂うことがあります。

　太陽が地表を照らす角度，つまり太陽高度は季節と時刻によって変化します。太陽高度が最も大きくなる正午頃（南中高度），春分と秋分の日には太陽は赤道上で鉛直に照らします。

　しかし，先述のように地球は太陽に対して，地軸が 23.4°傾いているため，北半球の夏至には北緯 23.4°に，北半球の冬至には南緯 23.4°に，太陽が地表の真上から鉛直に照らすことになります。この緯度が最も高緯度で太陽が天頂に来る地域であり，前者を北回帰線，後者を南回帰線，あわせて回帰線と呼びます。両回帰線の間の地域が熱帯にあたります。**図 4.22** に北回帰線と南回帰線を示しました。

　図 4.23 は台湾の北回帰線を記したモニュメントです。アーチの上に「北緯23.5 度」の看板が立てられています。

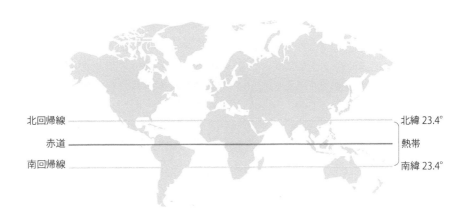

図 4.22　北回帰線と南回帰線

図 4.23 台湾の北回帰線を記したモニュメント

天文台

　ハワイ島を構成する火山については，第1章の火山活動のダイナミクスに関連してキラウェア火山やマウナロア火山などを紹介しました。

　そのハワイ島の5つの火山の中で，最も高いマウナケア（標高 4205 m）には，現在11か国の研究機関からなる合計13基の世界最先端の天文台群が集まっています（**図 4.24**）。これは，マウナケア火山が頂付近は天候が安定し，空気が澄んでいるためです。日本の国立天文台が設置したすばる望遠鏡もここに立地されています。

　さて，「慶州歴史地域」として，世界遺産にも登録されている韓国・慶州には東洋で最も古い，新羅時代（7世紀頃）の天文台が現存しています。9 m の高さを超える瞻星台は，**図 4.25** のような形をした天文台で，1962年には韓国の国宝第31号にも指定されました。

　この天文台は緻密な計算に基づいてつくられています。全体的に使われている石が全部で361個半ありますが，これは陰暦の1年を表しています。また，建物の中間に四角形の窓がつくられており，この窓の上段を基準に最上段までが12段，下段から最下段までも12段あり，これらは1年12ヶ月，24節気を表現しています。四角形の窓は出入口として使われていました。

　なお，近くには国宝に指定された金冠が出土した「天馬塚」もあります。

図4.24 マウナケア天文台群（松葉口玲子教授撮影）

図4.25 韓国・新羅時代の天文台（左），天馬塚（右）

終わりに

　「絵でわかるシリーズ」も自分が執筆して，3冊目になりました。本書はこれまでの「日本列島の地震・噴火・異常気象」(2018)，「日本列島の地形・地質・岩石」(2019) に次ぐものです。それぞれが好評をいただいているのも，皆様のお陰と深く感謝します。

　ただ，今回，本書のタイトルをご覧になった皆様の中には，その大きさに驚かれたり，呆れられたりされた方も多いと思います。正直，執筆にあたって一番戸惑っているのは，自分自身です（笑）。世界どころか，日本でも訪れていない場所が多いのに世界が語れるのでしょうか。前著「絵でわかる日本列島の地形・地質・岩石」では，日本国内を取り上げるにしても，訪れたことのない地域は省くことを考えました。本書ではそういうわけにはいかないものの，訪れたことのない地域が圧倒的に多く，その世界を紹介することに反省を超えて自責の念にかられます。

　それでも敢えて本書を刊行しようと思ったのは，世界のことをもっと知りたいと思う自分以上に，世界の地形・岩石，そして絶景の成り立ちを学びたい，多くの読者の皆様の好奇心に応えたいという願いからです。

　今日，医療の世界では，インフォームドコンセントという言葉があります。医療の専門家（つまりお医者さん）は，状況を理解することを望んでいる専門家でない人（つまり患者さんやその家族）に納得がいくまで，わかりやすく現状を説明し，今後の対応や見通しを述べ，専門家でない人の意思決定（具体的には手術や治療等を受けることに同意する）までに携わる必要があります。同様の意図で，本書は世界の自然景観の成り立ちに興味を持っている読者の皆様に対して，わかりやすいガイドをしたい，さらには，読者の皆様とともに，書籍を通して，未知の旅行に出かけたいと思った以外何物にもありません。

　読者の中には，地質や岩石なんて，自分が高校生の頃には詳しく学ばなかったし，難しい話は遠慮したいと思っている方も多いでしょう。この本を手に取られた方も，タイトルはおもしろそうだが，めくってみると何か難しそうな気がすると思われた方もいるかもしれません（そうならないように，多くの写真

や図版を入れたつもりですが…)。しかし，少し学べば，地質や地形，岩石，さらには絶景について，理解することは可能です。また，説明書や観光ガイドブックを読んで，わかったつもりになっていても，意外とその深さに気付かなかったりすることもあります。

　最近，「持続可能な開発目標（SDGs）」や「持続可能な開発のための教育（ESD）」が重視されるようになってきました。人類全体の持続可能な発展を考えた場合，その基本となるのは，自然環境をはじめとした地域，そして地球をよく知ることです。

　地球の歴史，自然界の歴史から見ると，人間の歴史などはごくわずかの期間であると言えます。大規模な自然災害が発生したとき，自然に対して人間はいかに無力であるかを思い知らされます。自然界の時間・空間的スケールの大きさが人間とは比べ物にならないことを知ると，改めて謙虚な気持ちにならざるを得ないでしょう。

　本書が刊行にたどり着けたのは，世界で形成された地形，地質も日本列島で生じたことと根本的には大きく違わないことを皆様に知っていただきたかったこと，地形などについて，より身近に考えていただきたかった願いに他なりません。また，多くの友人，知人から写真や情報を提供いただきました。編集の大塚記央氏をはじめ，講談社の方々の励ましと協力も大きかったと言えるでしょう。ここに深謝いたします。

　本書を機会に，自然環境の奥深さやそれに対する人類の叡智に気付いてもらえれば，筆者としてそれ以上の喜びはありません。

　2020年東京オリンピック開催の新春に，世界との一層のつながりを祈念して
　　　　　　　　　　　　　　　　　　　　　　　　　　　　　藤岡達也

参考文献

W. Hamblin, E.Christiansen, EARTH'S DYNAMIC SYSTEMS (10th edition), Pearson
F. Lutgens, E.Tarbuck, ESSENTIALS OF GEOLOGY (9th edition), Pearson
P. Francis, C. Oppenheimer, VOLCANOES (2nd edition), Oxford
C. Montgomery, Environmental GEOLOGY (7th edition), McGRAW-HILL
Tarruck, Lutgens, EARTH SCIENCE (10th edition), Prentice Hall
磯﨑行雄，川勝均，佐藤薫編，高等学校「地学」改訂版，啓林館
浅野敏雄ほか，高等学校「地学」，数研出版

図 1.16　D. Searls, https://www.flickr.com/photos/docsearls/26011146498
図 1.21　S. Jurvetson, https://www.flickr.com/photos/44124348109@N01/3154447555
図 2.46 右　Markscheider, https://commons.wikimedia.org/wiki/File:Lorelei_Statue.jpg
図 2.52　skylark (pixabay.com)
図 2.53　josdevos (pixabay.com)
図 3.28　C. Leopold, https://www.flickr.com/photos/clcopold73/2562614982
図 3.45　L. Galuzzi, www.galuzzi.it

著者紹介

藤岡達也 博士（学術）

滋賀大学大学院教育学研究科教授。

東北大学災害科学国際研究所客員教授，大阪府教育委員会・大阪府教育センター指導主事，上越教育大学大学院学校教育学研究科教授（附属中学校長兼任）等を経て現職に至る。大阪府立大学大学院人間文化学研究科博士後期課程修了。博士（学術）。専門は防災・減災教育，科学教育，環境教育・ESD 等。

著書

「絵でわかる日本列島の地震・噴火・異常気象」（講談社），「持続可能な社会をつくる防災教育」（協同出版），「環境教育と地域観光資源」（学文社），「環境教育からみた自然災害・自然景観」（協同出版）等多数。

NDC290　　　191p　　　21cm

絵でわかるシリーズ

絵でわかる世界の地形・岩石・絶景

2020 年 3 月 25 日　第 1 刷発行

著　者　　藤岡　達也

発行者　　渡瀬昌彦

発行所　　株式会社　講談社

〒112-8001　東京都文京区音羽 2-12-21
　　販　売　（03）5395-4415
　　業　務　（03）5395-3615

編　集　　株式会社　講談社サイエンティフィク

代表　矢吹俊吉

〒162-0825　東京都新宿区神楽坂 2-14　ノービィビル
　　編　集　（03）3235-3701

本文データ制作　株式会社　双文社印刷

カバー・表紙印刷　豊国印刷　株式会社

本文印刷・製本　株式会社　講談社

ISBN978-4-06-519043-2